I0874740

BEITRAGE

ZUR

VERGLEICHENDEN PATHOLOGIE

UND

PATHOLOGISCHEN ANATOMIE

DER

HAUSTHIERE.

ZWEITES HEFT.

ZUR PATHOLOGIE DES MILZBRANDES.

MÜNCHEN 1872.
RUDOLPH OLDENBOURG.

ZUR
PATHOLOGIE DES MILZBRANDES.

EINE GRATULATIONSSCHRIFT

ZUM

400 JÄHRIGEN JUBILÄUM

DER

UNIVERSITÄT MÜNCHEN.

VON

DR. OTTO BOLLINGER

PROFESSOR AN DER THIERARZNEISCHULE UND AN DER LANDWIRTHSCH. SCHULE DES POLYTECHNIKUMS, PRIVATDOCENT AN DER UNIVERSITÄT ZU ZÜRICH.

MIT 3 TAFELN.

MÜNCHEN 1872.

RUDOLPH OLDENBOURG.

Der

Königlich bayerischen

Ludwigs-Maximilians-Universität

MÜNCHEN

widmet

diese Arbeit

ZUR

Feier ihres 400jährigen Jubiläums

als Zeichen der Dankbarkeit

ihr ehemaliger Schüler

Der Verfasser.

Vorwort.

Ueber die Wichtigkeit der Krankheit, zu deren Kenntniss beizutragen die Aufgabe dieser Untersuchung ist, erscheint es kaum nothwendig, Betrachtungen anzustellen. Das Alter des Milzbrandes, dieser gefürchteten Seuche, deren Kenntniss bis in die ersten Anfänge des historischen Wissens reicht, das grosse Gebiet, welches wie bei keiner anderen Krankheit alle Länder, den Menschen und fast alle höhere Thierklassen umfasst, sowie die eminente Fortpflanzungsfähigkeit haben demselben schon lange eine hervorragende Stellung in der gesammten Pathologie, in der inneren Medicin wie in der Chirurgie, in der Menschen- wie in der Thierheilkunde zugewiesen. Ausserdem bietet der Milzbrand neben seiner hohen Bedeutung für die vergleichende Pathologie als Typus einer Infectionskrankheit so zahlreiche Angriffspunkte für eine systematische Erforschung, dass eine derartige Untersuchung wohl keiner besonderen Entschuldigung bedarf.

Indem der Verfasser es wagt, zu dem ruhmreichen Feste, welches die Ludwigs-Maximilians-Universität zu München demnächst feierlich begeht, seine Beobachtungen der Oeffentlichkeit zu übergeben, mag es ihm gestattet sein, den inneren Grund, welcher ihn dazu veranlasst, mit einigen Worten darzulegen.

Der Verfasser hat seine medicinische Studienzeit zum grössten Theil an der Universität München zugebracht und gerne spricht er es aus, dass unter allen Erinnerungen, die sich für ihn an diese Zeit knüpfen, obenan steht das Gefühl der Dankbarkeit gegen die alma mater, welches ihn mit Freuden diesen Anlass ergreifen lässt, um demselben einen thatsächlichen Ausdruck zu geben.

Dabei will ich nicht unterlassen, den ausgezeichneten und verdienten Männern der Wissenschaft, unter deren Leitung ich meine Studien gemacht und die alle — mit Ausnahme des zu frühe geschiedenen Obermedicinalrathes v. Pfeufer — noch gegenwärtig die medicinischen und naturwissenschaftlichen Lehrstühle dieser altehrwürdigen Hochschule zieren, an diesem Orte meinen tiefgefühltesten Dank auszusprechen. Ganz besonders habe ich diesem Gefühle Ausdruck zu geben gegenüber meinem hochverehrten ehemaligen Lehrer, Herrn Professor Buhl, als dessen Schüler und Assistent ich mehrere Jahre hindurch die sorgsamste Anleitung und reichste Anregung zu geniessen das Glück hatte.

Ueber den Ursprung des Materials, welches dieser Arbeit zu Grunde liegt, verweise ich auf die Darstellung selbst und erfülle hier nur noch die angenehme Pflicht, Herrn Bezirksthierarzt Egli in Uster, der mir mit grösster Gefälligkeit den wichtigsten Theil des Beobachtungs- und Versuchsmaterials zur Disposition stellte, meinen besten Dank auszusprechen. Ebenso habe ich rühmend der Mitwirkung zu gedenken, deren ich mich bei Ausführung meiner Versuche von Seite meiner Schüler aus dem II. Cursus der hiesigen Thierarzneischule zu erfreuen hatte und worunter besonders Herr August Bär aus Winterthur mich in vielfacher Weise mit grösstem Eifer unterstützte.

Zürich, im Mai 1872.

Der Verfasser.

I.

Historisches über den Milzbrand und die stäbchenförmigen Körperchen.

Wenn man aus dem Umfange der Literatur über einen Gegenstand einen Schluss auf die Bedeutung desselben ziehen darf, so gebührt schon aus diesem Grunde dem Milzbrande eine hervorragende Stellung in der Pathologie. Es muss daher die historische Darstellung der Lehre vom Milzbrande als eine ebenso schwierige und umfangreiche Aufgabe bezeichnet werden, deren Lösung nicht im Bereiche dieser Untersuchung liegt. Ich begnüge mich in dieser Richtung auf das klassische Werk von Heusinger[1]), eine Zierde der deutschen medicinischen Literatur, zu verweisen und will nur versuchen, eine Uebersicht derjenigen Arbeiten zu geben, die für das Verständniss des gegenwärtigen Standes der Lehre vom Milzbrande und den stäbchenförmigen Körpern wichtig erscheinen.

Heusinger (l. c. p. V u. p. 796) definirte vor 20 Jahren den Milzbrand als eine Malarianeurose, innig verwandt mit Wechselfieber, Cholera und der ganzen sumpfgebornen dämonischen Sippschaft. Am Schlusse seiner historisch-geographisch-pathologischen Untersuchungen gelangt Heusinger zu folgenden Endresultaten: Der Milzbrand ist eine Malarianeurose, indem das Malariagift zunächst auf das Gangliennervensystem wirkt. In erster Linie entsteht eine Paralyse der Milzgefässe und ein Absterben der Milz (daher der Name Milzbrand nicht

---

[1]) Die Milzbrandkrankheiten d. Thiere u. d. Menschen. Erlangen. 1850.

zu verwerfen); dieselben Gefässlähmungen, Blutstasen, Blutaustretungen und Brand entstehen dann in den verschiedenen Organen. — Beim Milzbrand entwickelt sich ein Contagium, welches wesentlich zur Fortpflanzung der Krankheit beiträgt; das Contagium wirkt gleich der ursprünglich erzeugenden Schädlichkeit. Die Aufnahme aus den local erkrankten Stellen erfolgt durch die Lymph- und hauptsächlich durch die Blutgefässe. — Die scheinbar so verschiedenen Formen in allen Thieren und in dem Menschen sind sich dem Wesen nach vollkommen gleich. Der Milzbrand entwickelt sich primär nur in den pflanzenfressenden Säugethieren, Einhufern, Wiederkäuern, Schweinen. Alle Thiere sind aber für das Contagium empfänglich.

In Bezug auf die Malarianatur schliesst sich Virchow[1]) Heusinger an; als Ursache des Milzbrandes ist Virchow geneigt, ein specifisches Ferment zu statuiren.

Eine neue Epoche in der Lehre vom Milzbrande beginnt mit der Entdeckung von Pollender[2]), welcher — schon im Jahre 1849 — bei Blutuntersuchungen von milzbrandkranken Rindern einen eigenthümlichen Befund erhalten hatte. Ausser einer erheblichen Vermehrung der Chyluskörperchen (farblosen Blutkörperchen) fand er im Blute eine unendliche Menge stabförmiger, äusserst feiner, anscheinend solider, gerader, nicht verästelter Körperchen von $0{,}0025$—$0{,}005'''$ Länge und $^{1}/_{8000}'''$ Breite. Dieselben sind vollkommen bewegungslos und nach Gestalt und Aussehen den Vibrionen sehr ähnlich. Aus dem mikrochemischen Verhalten schloss P. auf die pflanzliche Natur dieser Körper, dagegen kann er die Frage über Herkunft, Entstehung, ob sie im lebenden Blute vorhanden, oder postmortal, ein Gährungs- oder Fäulnissproduct, ob der Ansteckungsstoff oder dessen Träger oder ausser aller Beziehung zu demselben, nicht beantworten. Endlich weist P. aus dem chemischen Verhalten mit Bestimmtheit die Annahme zurück, dass die Kör-

[1]) Handbuch der spec. Path. u. Therapie. B. II. p. 387—405. 1855.

[2]) Mikroscop. u. mikrochem. Unters. des Milzbrandblutes etc. Casper's Vierteljahrsschrift f. gerichtl. u. öff. Medicin. B. VIII. p. 103. 1855.

perchen Bruchstücke zerfallener Primitivfasern oder thierischer Faserstoff, überhaupt eine feste Proteinverbindung sein könnten.

Unabhängig von Pollender fand Brauell[1]) ebenfalls die stäbchenförmigen Körper im Blute von Menschen, Schafen und Pferden, die an Milzbrand gestorben waren. Dieselben gehören ebenso wie die Vermehrung der farblosen Blutkörperchen im Blute zu den constanten Veränderungen und werden von B. für Vibrionen erklärt, die schon im lebenden Blute entstehen. Sie unterscheiden sich von anderweitigen Vibrionen durch ihre Entstehung, indem sie sich gleich nach und vor dem Tode finden und in frischen Fällen daher als diagnostisches Merkmal zu verwerthen sind. Aus seinen Untersuchungen zog B. weiter den Schluss, dass das Milzbrandcontagium nicht blos an den Karbunkel (Heusinger), sondern auch an das Blut gebunden sei; ausserdem constatirte er die Uebertragbarkeit des Contagiums vom Menschen auf das Schaf.

Mit dem Bekanntwerden der Untersuchungen Pollender's und Brauell's wandte sich bald das allgemeine Interesse den stäbchenförmigen Körperchen zu und fast alle der folgenden Arbeiten über den Milzbrand beschäftigen sich mit der Frage nach der Natur dieser merkwürdigen Gebilde im Milzbrandblute und nach ihren Beziehungen zu dieser Krankheit. Wenn ich in der folgenden Darstellung die weiteren Beobachtungen Brauell's über diesen Gegenstand ausführlicher referire, als Manchem nothwendig erscheint, so geschieht dies desshalb, weil die sorgfältigen und schönen Untersuchungen Brauell's noch heute fast ausnahmslose Giltigkeit haben, sowohl was die Impfresultate als auch die Morphologie der stäbchenförmigen Körper betrifft. Ueberdies gelangt man beim Studium der Geschichte der stäbchenförmigen Körper nicht unschwer zu der Ueberzeugung, dass, wenn die späteren Untersucher sich mehr an die Resultate der Forschungen Pollender's und Brauell's ge-

---

[1]) Versuche u. Untersuch. betreffend den Milzbrand des Menschen und der Thiere. Virchow's Archiv B. XI. p. 132. 1857.

halten hätten, die grosse Verwirrung über diese Frage, wie sie lange Zeit herrschte, kaum entstanden wäre.

In einer bald folgenden Untersuchung lieferte Brauell[1]) eine Bestätigung und Vervollständigung seiner ersten Versuche.

Aus einer grossen Reihe von Impfungen erhielt B. folgende Resultate: Das Milzbrandcontagium lässt sich bei Pflanzenfressern durch fünf Generationen hindurch wirksam fortpflanzen. Flüssiges Milzbrandblut in verschlossenem Glase aufbewahrt, enthält am 4.—5. Tage noch ein tödtlich wirkendes Contagium; vom 15. Tage an ist es wirkungslos. In eingetrocknetem Zustande ist das Contagium im Blute am 2. und 3. Tage noch erhalten, nach einiger Zeit ebenfalls wirkungslos. Flüssiges Blut aus dem Karbunkel eines Pferdes enthält schon 24 Stunden vor dem Tode ein tödtliches Contagium, obwohl die den Milzbrand charakterisirenden Veränderungen noch fehlen — das Impfblut also keine stäbchenförmigen Körper enthält. Es sind daher die stäbchenförmigen Körper weder der Ansteckungsstoff selbst, noch die nothwendigen Träger desselben. Die stäbchenförmigen Körper erscheinen im Blute 1—2—3 Stunden, seltener 8—10 Stunden vor dem Tode je nach dem raschen oder langsamen Verlaufe; diese Termine reduciren sich auf Minuten bei Anthrax acutissimus. — Die Thiere, in deren Blut stäbchenförmige Körper, gehen alle zu Grunde; in dem Blute der genesenden Thiere finden sich keine stäbchenförmigen Körper; dieselben haben also auch prognostischen Werth. — Die Embryonen der an Milzbrand umgestandenen Thiere bieten bei der anatomischen Untersuchung keine auf Milzbrand hinweisenden Veränderungen; da auch das Blut solcher Embryonen bei der Impfung negativ wirkt, so geht der Milzbrand vom Mutterthier nicht auf den Fötus über. — Bei Hunden und Hühnern sind Impfungen erfolglos. — Endlich gibt B. noch das chemische Verhalten der Stäbchen genau an und glaubt aus seinen Beobachtungen schliessen zu dürfen, dass die stäbchenförmigen Körper

[1]) Weitere Mittheil. über Milzbrand und Milzbrandblut. Virchow's Archiv B. XIV. p. 432. 1858.

am 3.—4. Tage Bewegung annehmen und aus bewegungslosen sich in bewegungsfähige Vibrionen umwandeln.

Wie man sieht, gesteht Brauell den stäbchenförmigen Körpern nur einen diagnostischen und prognostischen Werth zu, leugnet dagegen, dass sie das Milzbrandgift oder die Träger desselben darstellen, da er auch mit Blut ohne stäbchenförmige Körperchen Milzbrand erzeugen konnte.

In Bezug auf die diagnostische Bedeutung der stäbchenförmigen Körper schloss sich Leisering[1]) Brauell an; er betrachtete jedoch diese Gebilde nicht als Vibrionen, sondern möchte sie eher als Fibrinausscheidungen oder Gewebstrümmer ansprechen. Auf Grund späterer Beobachtungen beim Typhus der Schweine liess Leisering[2]) auch die diagnostische Bedeutung der Stäbchen fallen.

Mit der Arbeit von Delafond[3]) begann nun auch in Frankreich die Frage von den stäbchenförmigen Körperchen lebhaft discutirt zu werden. Auf eine grosse Zahl von Blut-Untersuchungen milzbrandiger Thiere gestützt, stellt sich Delafond ganz auf Seite Brauell's und betont namentlich die prognostische und diagnostische Bedeutung dieser Körper; er fand sie im Blute von 125 Thieren 1—5 Stunden nach dem Eintritt der ersten Milzbrandsymptome. In Bezug auf ihre Natur hält er die stäbchenförmigen Körper für eine zur Familie der Leptothriceen (Kützing), Gattung Leptothrix gehörende Alge, deren Species er mit Leptothrix buccalis vergleicht.

Eine andere Ansicht über die Natur der stäbchenförmigen Körper wurde von F. Müller[4]) aufgestellt, indem er sie für Blutkrystalle erklärte, welche immerhin für die Diagnose des Milzbrandblutes von Bedeutung seien. Leisering[5]) adoptirt

[1]) Bericht über das Veterinärwesen im Königr. Sachsen für das Jahr 1858. p. 29.

[2]) Bericht über d. Vet.-Wesen im Königreich Sachsen f. d. Jahr 1860. p. 31.

[3]) Récueil de méd. vét. 1860. p. 726.

[4]) Physiologie der Haussäugethiere. Wien. 1862. p. 163.

[5]) Bericht über das Veterinärwesen etc. für d. Jahr 1862. p. 29.

diese Ansicht Müller's und berichtete gleichzeitig eine Aeusserung Virchow's über diesen Gegenstand. Derselbe hatte nämlich im Jahre 1859 mündlich und gesprächsweise die Vermuthung aufgestellt, dass, obwohl er Milzbrandblut noch nicht in dieser Richtung untersucht habe, hier kaum von etwas Anderem als von Blutkrystallen die Rede sein könne. Auf diese Weise erklärt es sich, dass in Werken und Zeitschriften seitdem erzählt wird, dass Virchow die stäbchenförmigen Körper beim Milzbrande für Blutkrystalle erklärt habe. Der wahre Sachverhalt in dieser Angelegenheit wurde dann von Leisering[1]) später wieder richtig gestellt.

Nachdem so die stäbchenförmigen Körper trotz ihrer Jugend schon die mannigfaltigsten Beurtheilungen erfahren, erklärte Davaine[2]) die stäbchenförmigen Körper für Bacterien und später zum Unterschiede von den bewegungsfähigen Fäulnissbacterien für Bacteridien — eine Art von Conferven von eigenthümlichem Verhalten. Auf Grund seiner Versuche behauptete Davaine, dass diese Bacteridien die Uebertragung des Milzbrandes vermitteln; Blut ohne Bacteridien sei unfähig, dieselben bei einem anderen Thiere fortzupflanzen. — Die Bacteridien verschwinden durch Fäulniss; das Contagium bleibt durch Eintrocknen erhalten, indem noch nach 4½ Monaten Milzbrand erzeugt werden konnte.

Im Jahre 1865 veröffentlichte Brauell[3]) eine weitere Reihe von Milzbrandimpfungen, die im Allgemeinen seine früher gezogenen Schlussfolgerungen bestätigten. Im Blute aller am Impfmilzbrande gestorbener, sowie auch im Blute der sichtlich erkrankten Thiere fand B. die stäbchenförmigen Körper. Wichtig waren die Resultate Brauell's ferner in Bezug auf den Milzbrand der Schweine. Er constatirte nämlich, dass Schweine

---

[1]) Bericht über das Vet.-Wesen etc. für d. Jahr 1868. p. 43.

[2]) Comptes rendus de l'acad. de sciences. T. LVII. p. 220. 1863, ibid. p. 321 u. 386.

[3]) Versuche betreffend den Milzbrand und den Rothlauf der Schweine. Oesterr. Vierteljahrsschrift f. wiss. Vet.-Kunde. B. XXIII. p. 117. 1865.

keine Empfänglichkeit für das ihnen eingeimpfte von Herbivoren stammenden Milzbrandcontagium besitzen, während nach vielfachen anderen Beobachtungen Schweine bei innerem Genusse milzbrandiger Theile grosse Empfänglichkeit für Milzbrand zeigen. Die geringe Empfänglichkeit der Fleischfresser und Vögel (Katze, Fuchs, Gänse, Raben, Adler), wird wiederholt festgestellt. Den Rothlauf der Schweine scheidet B. als einen nicht zur Gruppe der Anthraxkrankheiten gehörigen Process aus.

Kurze Zeit darauf schrieb Brauell[1]) eine hauptsächlich polemische Arbeit, die namentlich in geschichtlicher Hinsicht von grösstem Werthe ist. „Es hat nur historisches Interesse, dass man auch in diesem Jahrhundert die Ansteckung des Milzbrandes geleugnet hat (Kausch); vielleicht darf man sich einmal einer Erneuerung dieser Ansicht versehen". Mit diesen Worten spricht sich Virchow[2]) aus und was er hier prophezeit, traf ein. Hertwig[3]) hatte es unternommen, die Contagiosität des Milzbrandes ebenso wie den diagnostischen Werth der stäbchenförmigen Körper zu leugnen. Ebenso hatte Jösting[4]) die Contagiosität des Milzbrandes beim Menschen in Abrede gestellt. Indem Brauell den diagnostischen Werth der stäbchenförmigen Körper aufrecht erhält, bekämpft er mit scharfer Kritik die Einwendungen seiner zahlreichen Gegner (Fuchs, Tigri, Signol, Köhne, Gurlt, Spinola, Hertwig, Leisering u. A.), wobei er namentlich hervorhebt, dass diese Einwendungen eine genaue Untersuchung und genaue Angaben der physikalischen und chemischen Eigenschaften der angeblich auch bei anderen Krankheiten gefundenen stäbchenförmigen Körperchen vermissen lassen. — Dann wendet sich Brauell gegen die Lehre von Delafond über die pflanzliche Natur der Stäbchen, sowie gegen Davaine, welcher

[1]) Krit. Betrachtungen über einige den Milzbrand betr. Ansichten. Oesterr. Vierteljahrsschrift f. wiss. Vet.-Kunde. B. XXIV. p. 1. 1865.

[2]) Handb. der spec. Pathol. u. Therapie. B. II. p. 395. 1855.

[3]) Bericht über d. thierärztl. Congress zu Hamburg im Jahre 1863 u. Mag. f. d. ges. Thierheilk. 1863. Nr. 4.

[4]) Casper's Vierteljahrsschrift f. ger. u. öff. Med. 1860. Nr. 2.

die Bacterien als die Träger des Milzbrandgiftes betrachten will. In letzterer Hinsicht stützt er sich hauptsächlich auf seine früher erhaltenen Impfresultate, indem zwei Füllen, die mit Milzbrandblut ohne Stäbchen geimpft, dennoch am Milzbrande zu Grunde gingen.

Nachdem B. noch die Ansichten von der Krystallnatur der stäbchenförmigen Körper (F. Müller, Anacker und Leisering) widerlegt, bespricht er zum Schluss die Prioritätsansprüche der Entdeckung der stäbchenförmigen Körper, die von Frankreich aus erhoben wurden. Delafond wollte nämlich die Stäbchen schon 1856 und Davaine sogar schon im Jahre 1850 (mit Rayer) entdeckt haben. Mit Recht weist Brauell diese ungegründeten Ansprüche zurück und in der That nimmt es sich eigenthümlich aus, wenn Davaine im Jahre 1863 „un fait, que je crois nouveau" nämlich die stäbchenförmigen Körper signalisirt und gleichzeitig behauptet, er habe diese Neuigkeit schon 15 Jahre vorher entdeckt. Gegenwärtig liegt für eine unpartheiische Betrachtung die Sache einfach so, dass Pollender der erste Entdecker und Brauell unabhängig von demselben der zweite war. Immerhin ist es für die Geschichte der Entdeckungen lehrreich, zu wissen, dass solche unbegründete Prioritätsansprüche doch von einigem Erfolge begleitet sein können.

So nennt z. B. Korányi[1]) in der historischen Einleitung zu seiner Monographie des Anthrax als die Entdecker der stäbchenförmigen Körper Delafond, Pollender und Davaine was mir historisch nicht gerechtfertigt erscheint.

Verfolgt man die erwähnten Betrachtungen Brauell's aufmerksam, so erkennt man leicht, wo die Ursachen der Verschiedenartigkeit der Ansichten über die stäbchenfömigen Körper und ihre Beziehungen zum Milzbrand zu suchen sind. Es sind dies die ausserordentliche Kleinheit der stäbchenförmigen Körper, das Vorkommen anderer sehr ähnlicher Gebilde (Blutkrystalle und Fäulnissbacterien) im Blute, sowie der Mangel an

---

[1]) Handbuch der allgem. u. spec. Chirurgie von Pitha und Billroth B. I. Abth. 2. p. 152. 1870.

Uebereinstimmung über das, was man zum Milzbrande zählen solle oder nicht.

Später nahm Brauell[1]) wieder Anlass und zwar auf Grund eines Referates von Huppert[2]), die Ansicht Davaine's zu bestreiten, wornach die stäbchenförmigen Körper die Ursache des Milzbrandes seien, wobei er sich wesentlich auf seine früheren Argumente — Erzeugung von Milzbrand mit Blut ohne Stäbchen — stützt.

Die Lehre vom Milzbrand und den stäbchenförmigen Körpern wurde nun in Frankreich zur brennenden Tagesfrage und ich muss angesichts der massenhaften Literatur davon absehen, ein erschöpfendes Referat über alle bei der Discussion zu Tage geförderten Ansichten zu geben. Die Mehrzahl der bezüglichen Arbeiten sind veröffentlicht im Récueil de méd. véterinaire, in den Comptes rendus de l'acad. des sciences, in den Bulletins de l'acad. de méd. und finden sich Zusammenstellungen theils in den Referaten von Huppert und Meissner in Schmidt's Jahrbüchern[3]) theils in den Virchow'schen Jahresberichten über die Leistungen in der Medicin von Leisering, Skrzeczka, und Waldeyer, und endlich in der oben angeführten Arbeit von Korányi. Die wichtigeren Resultate aus den Arbeiten der französischen Forscher, unter welchen besonders Davaine sich grosse Verdienste um die Lehre vom Milzbrande erwarb lassen sich ungefähr so zusammenfassen.

Nach Davaine finden sich die Bacteridien in jeder Milzbrandkrankheit — in jeder Form und bei jedem Thiere. Die Erscheinung dieser kleinen Gebilde geht den krankhaften Symptomen voraus. Das Milzbrandblut hört auf contagiüs zu sein, wenn die Bacteridien verschwunden sind. Schon mit einer millionfachen Verdünnung eines Tropfen milzbrandkranken Blutes konnte Davaine bei Meerschweinchen Milzbrand mit

[1]) Virchow's Archiv f. path. Anat. B. XXXVI. p. 292. 1866.

[2]) Schmidt's Jahrbücher der ges. Med. 1865. Nr. 10. p. 37.

[3]) Jahrg. 1865. B. 130. p. 37; Jahrg. 1867. B. 133. p. 35 u. Jahrg. 1871. B. 152. p. 255.

zahllosen Bacteridien erzeugen; die Incubationsdauer bei Impfmilzbrand nimmt jedoch mit der Verdünnung zu. Die Zahl der Bacteridien in einem Tropfen Blut schätzt Davaine auf 8—10 Millionen. — In vieler Beziehung werden die Versuche Brauell's bestätigt, so z. B. die Nichtübertragbarkeit des Milzbrandes auf Vögel, ferner die schon von Brauell nachgewiesene Thatsache, dass das Contagium bei trächtigen Thieren nicht durch die Placenta hindurch auf den Fötus übertragen wird; das bacteridienfreie Blut des Fötus wirkt dann nicht contagiös, während im mütterlichen Blute Bacteridien und Ansteckungsfähigkeit vorhanden sind. — Getrocknetes Milzbrandblut bleibt unter Umständen 22 Monate lang keimfähig und verliert seine Wirksamkeit nicht, jedoch darf es vorher nicht gefault sein.

Die spontane Entstehung des Milzbrandes wird von Davaine verworfen; er glaubt, dass die meisten der angeblich spontanen Milzbrandfälle durch Uebertragung des Giftes durch Fliegen entstehen.

Unter den zahlreichen Gegnern der Davaine'schen Hypothese ist namentlich Sanson[1]) zu nennen. Nach ihm sind die Bacteridien für den Milzbrand nicht pathognomonisch, da er sie auch bei anderen Krankheiten der Pferde gefunden hatte, die er als typhoide Diathese bezeichnete. Ein grosses Gewicht kann man diesen Einwendungen kaum beilegen, da diese sogenannten typhösen Fieber wahrscheinlich nichts anderes als Milzbrandfälle waren. Ferner will Sanson ebenso wie Brauell durch Impfung von ächtem, bacterienhaltigem Milzbrandblute keine solche Bildungen im Blute der Impfthiere gefunden haben. Endlich finde man constatirte Fälle von Milzbrand bei Schafen und Rindern, wo das Blut keine Spuren von Davaine's Bacteridien enthält.

In ähnlichem Sinne leugnen Leplat und Jaillard[2]), dass die Bacteridien die Träger des Milzbrandgiftes seien; dieselben seien nur eine Nebenerscheinung des Milzbrandes. Davaine

[1]) Récueil de méd. vét. 1867. p. 257.

[2]) Compt. rend. LXI. p. 298, 334. u. p. 436.

suchte nachzuweisen, dass beide wahrscheinlich mit Blut impften, welches gar nicht von Milzbrand herrührte.

Eine bedeutende Stütze fanden die Gegner Davaine's in den Resultaten einer von der französischen Regierung niedergesetzten Commission, welche die Untersuchung einer von Alters her herrschenden Milzbrandepizootie in der Auvergne (mal des montagnes) zur Aufgabe gestellt wurde. Die von Bouley[1]) als Präsidenten dieser Commission veröffentlichten Resultate gingen dahin, dass Milzbrandblut contagiös wirke, auch wenn keine Spur von Bacterien darin zu finden ist; bacterienhaltiges Milzbrandblut verliere seine Infectionsfähigkeit durch Austrocknen und gewinne dieselbe beim Aufweichen in Wasser nicht wieder. Geimpfte Kaninchen haben immer Bacterien, ob das Impfblut solche enthalte oder nicht. Die Bacterien sind bei den milzbrandigen Wiederkäuern keineswegs constant, sie fehlen ebenso oft, als sie vorhanden sind.

Unter den Einwürfen, die gegen die Lehre Davaine's erhoben wurden, befinden sich auch solche, die wenig stichhaltig sind. Wenn z. B. Sanson[2]) behauptet, die Experimente Davaines seien schon desshalb nicht beweisend, weil sie an kleinen Nagern angestellt seien und nicht an Thieren, bei denen der Milzbrand spontan sich entwickele, so ist dieser Einwurf durch die Versuche von Brauell — an Pferden, Schafen — längst widerlegt.

Unter den zahlreichen Arbeiten sind ferner als wichtige noch zu nennen diejenigen von Colin und Raimbert. Colin[3]) bewies bei Gelegenheit von Fütterungsversuchen mit milzbrandigem Fleisch an einem Hunde mit Magenfistel, dass das Milzbrandfleisch durch die Einwirkung des Magensaftes seine Ansteckungsfähigkeit verliere. Raimbert[4]), welcher die

---

[1]) Compt rend. LXIII. p. 82. 1869. und Récueil de méd. vét. 1869. p. 41.

[2]) Comptes rend. LXVIII. Nr. 6. 1869.

[3]) Compt. rend. LXVIII. Nr. 3. 1869.

[4]) Compt. rend. LXIX. Nr. 15. 1869.

Bacteridien ebenfalls als die Träger des Milzbrandgiftes ansieht, suchte experimentell zu beweisen, dass das Milzbrandgift nicht durch die Stiche der Fliegen verschleppt werde, sondern die Verschleppung geschehe so, dass Fliegen Milzbrandtheilchen mit ihren Füssen, Flügeln und Dejectionen auf die menschliche Haut übertragen und dass die Bacterien dann auch durch die unverletzte Haut in den Organismus eindringen.

Nach alledem kann es nicht befremden, wenn Leisering[1]) im Jahre 1869 der Meinung Ausdruck gibt, dass die Frage von den stäbchenförmigen Körpern sich immer noch in einem ziemlich kläglichen und unklaren Zustand befinde; er selbst lässt es unentschieden, ob dieselben faserstoffige Ausscheidungen oder Pilzbildungen darstellen. In ähnlichem Sinne äussert sich Röll[2]) (1867), welcher nach Aufzählung der verschiedenen Ansichten über die stäbchenförmigen Körper die eigentliche Natur derselben noch immer für discutirbar erklärt. Dabei spricht Röll sich entschieden dahin aus, dass diese Körperchen sich schon im Blute noch lebender anthraxkranker Thiere finden und auch unmittelbar nach dem Tode und dass die Thiere unrettbar verloren sind, wenn die Stäbchen im lebenden Thiere auftreten. Im Anschlusse an Brauell hält Röll den diagnostischen Werth dieser Gebilde für vollkommen sicher gestellt.

Bruckmüller[3]), welcher früher die stäbchenförmigen Körper beim Milzbrande für Faserstoffausscheidungen angesehen neigte sich später[4]) mehr der Ansicht zu, dass die Pilznatur dieser Gebilde kaum noch zu bezweifeln sei und scheint auch ihre Eigenschaft als Träger des Milzbrandgiftes anzuerkennen.

Franck[5]) beobachtete Einkerbungen an den stäbchenförmigen Körperchen und glaubt dieselben aus aneinandergereihten rundlichen Körpern bestehend.

---

[1]) Bericht über das Vet.-Wesen im Königr. Sachsen f. d. J. 1868. p. 42.
[2]) Lehrbuch der Path. u Therapie der Hausthiere. B. I. p. 415. 1867.
[3]) Oesterr. Vierteljahrsschr. f. wiss. Vet.-Kunde B. XXVI. p. 33. 1866.
[4]) Lehrbuch der path. Zootomie p. 261. 1869.
[5]) Thierärztl. Mittheilungen der Centralthierarzneischule zu München.

Haubner[1]), will die stäbchenförmigen Körperchen im Blute nicht als charakteristisches Merkmal des Milzbrandes anerkennen und hält die ganze Angelegenheit noch nicht für spruchreif.

Semmer[2]) beschreibt die beim Milzbrand vorkommenden stäbchenförmigen Körper als zarte schwach contourirte Gebilde ohne Gliederung, meist alle von gleicher Länge, bewegungslos, einzelne unter einem stumpfen Winkel gebogen. Er erzielte durch Impfungen mit milzbrandigem Blut Tod durch Septicämie und glaubt daraus eine Aehnlichkeit zwischen Milzbrand und Septicämie folgern zu dürfen. Die stäbchenförmigen Körperchen des Milzbrandes erklärt er übrigens für Pilzfäden sui generis, die möglicher Weise in verwandtschaftlichem Verhältniss mit den Pilzfäden der Septicämie stehen.

Die erwähnten Impfungen lassen sich, wie ich glaube, einfach so erklären, dass in dem faulenden Milzbrandblute das Contagium bereits zerstört war und bei der Impfung in Folge dessen Septicämie erzeugt wurde.

Endlich erwähne ich noch der Untersuchungen von Ravitsch und Grimm über den Milzbrand. Die experimentelle und mikroskopische Arbeit von Ravitsch[3]) beschäftigt sich nach Angabe des Titels mit der putriden Infection und deren Beziehung zum Milzbrande. Die Resultate, zu welchen Ravitsch gelangt, hier wiederzugeben oder auf eine nähere Kritik seiner Folgerungen einzugehen, halte ich für überflüssig und bemerke nur, dass es mir nicht gelungen ist, in dem Inhalte dieser Arbeit etwas zu entdecken, was für die Pathologie des Milzbrandes von einigem Belange sein könnte. Zur Charakteristik der Art und Weise, wie Ravitsch zu seinen Schlussfolgerungen gelangt, führe ich nur eine Thatsache an: Ravitsch

---

[1]) Handbuch der Veterinär-Polizei. p. 285. 1869.

[2]) Oesterr. Vierteljahrsschr. f. wiss Vet.-Kunde. B. XXXIII. p. 74. 1870.

[3]) Zur Lehre von der putriden Infection und deren Beziehung zum sogenannten Milzbrande. Berlin 1872. (Uebersetzung einer bereits 1870 in russischer Sprache erschienenen Arbeit).

(l. c. p. 36. u. 37.) spritzte einem Schafe putride Flüssigkeit unter die Haut. Nach 3 Tagen erfolgt der Tod des Thieres und zwar in der Nacht. Am folgenden Tage Nachmittags wird die Section vorgenommen und es finden sich im Blute an der Injectionsstelle und in verschiedenen Organen stäbchenförmige Körperchen (unbewegliche Bacteridien). Nachdem ausdrücklich bemerkt wird, dass im Blute des lebenden Thieres keine Bacterien gefunden wurden und dass am Tage der Section (25. Juli) die Lufttemperatur sehr hoch war, kommt Ravitsch zu welchem Schlusse? „Dieser Versuch gab ein vollkommenes Bild vom Milzbrande oder von der sogenannten Blutkrankheit der Schafe; — da aber das Thier in Folge putrider Infection und nicht vom Milzbrande fiel und ein positives Factum viel mehr Bedeutung habe, als hundert negative, so hält Ravitsch dies für hinreichend genug, die Davaine'sche Theorie vom Milzbrande zu widerlegen". Beiläufig bemerkt waren die Bacteridien in diesem Falle 5 bis 10 Mal grösser als die Milzbrandbacterien, nämlich $0_{,03}$—$0_{,08}$ Millimeter gross, während die Milzbrandbacterien durchschnittlich nur $0_{,007}$—$0_{,012}$ Millimeter lang sind.

Wenn man gegen die Aufstellungen Davaine's keine anderen Argumente beibringen kann, als diejenigen von Ravitsch es sind, so müsste man die Davaine'sche Hypothese unbedingt anerkennen.

Auf ähnlicher Stufe steht eine vorläufige Mittheilung von Osk. Grimm[1]), welcher durch die Naturforschergesellschaft zu St. Petersburg in den Stand gesetzt wurde, im Gouvernement Nowgorod den Milzbrand zu studiren. Er kommt zu der Ueberzeugung, dass weder die Bacterien noch andere Organismen die Ursache des Milzbrandes seien. Die vermeintlichen Bacterien oder Bacteridien erscheinen nur nach dem Tode des erkrankten Subjectes, während des Lebens aber ist keine einzige Bacterie im Blute aufzufinden. Die entgegengesetzten Angaben von Davaine, Brauell u. B. seien nur dadurch zu erklären,

---

[1]) Zur Pathologie des Milzbrandes. Virchow's Archiv. B. LIV. p. 262. 1871.

dass diese Forscher das Blut nicht mit genügender Sorgfalt untersucht haben. Wenn ich endlich noch anführe, dass Grimm vollkommen überzeugt ist (p. 263), „dass die von Anderen im Blute lebender Thiere vorgefundenen Bacterien während der Section selbst enstanden sind“, so wird der Leser es begreiflich finden, dass ich einen derartigen Gedankengang nicht weiter verfolge.

Welche Stellung nehmen anderseits die Botaniker den stäbchenförmigen Körperchen und Bacterien gegenüber ein?

Es dürfte zweckmässig erscheinen, das Wesentlichste aus der Geschichte dieser Organismen in einer kurzen Uebersicht zusammenzufassen. Als Forscher, welche sich um die Förderung der Frage von den Bacterien verdient gemacht, „sind in erster Linie zu nennen: Ehrenberg, Dujardin, Perty, Nägeli, F. Cohn, Pasteur, de Bary und H. Hoffmann.

Ehrenberg[1]) war der Erste, welcher (1830) die Gattung Bacterium aufstellte. Er liess dieselbe aus 7, später aus 3 Arten bestehen und betrachtete die Bacterien als Thierchen mit hermaphroditischen Geschlechtsorganen, die sich durch Eier vermehren.

Ebenso theilte Dujardin[2]) alle Vibrionen dem Thierreich zu; eine innere Organisation sei jedoch nicht zu erkennen und man müsse die Vibrionen als eine besondere Familie betrachten, deren Beziehungen zu anderen Familien schwierig festzustellen sei.

Perty[3]) stellt die Vibrionen zu den Phytozoidien; es sind dies einfachste Organismen mit wechselndem animalischen und vegetabilischen Leben und beides ist in diesen einfachsten Wesen höchst flüchtig; durch einen kleinen Wechsel der Umstände schlägt das erstere in das letztere um. Bacterium termo kommt bisweilen gar nicht zu animalischem Leben, sondern bleibt in

---

[1]) Abhandl. der k. Akad. der Wissensch. zu Berlin. 1830. und Infusor. Thierchen als vollkommene Organismen. Leipzig. 1838.

[2]) Histoire naturelle des zoophytes. Infusoires. Paris. 1841.

[3]) Zur Kenntniss der kl. Lebensformen nach Bau, Function etc. Bern. 1852.

vegetabilischem befangen; es entsteht aus Molekülen, die anfangs wegen ihrer Kleinheit gar nicht oder nur momentan wahrnehmbar sind.

Dagegen werden von F. Cohn[1]) die Vibrionen zu den Pflanzen gerechnet. Die in stehenden Infusionen überall gemeinen, für selbstständige Infusorien erklärten Körperchen des Bacterium termo, namentlich die freigewordenen, selbstbeweglichen Schwärmzellen sind nur der Entwickelungs-Zustand einer Pflanze, der in das Gebiet der Wasserpflanzen zu stellen ist. Das Bacterium termo, welches sich in Gallertkugeln- und Gallerttrauben entwickelt, bezeichnet er als „Zoogloea termo".

Eine neue Eintheilung wurde von Nägeli[2]) aufgestellt. Er rechnet Bacterien, Vibrionen und verschiedene andere Gattungen zu einer eigenen von ihm aufgestellten Gruppe von Pilzen, die er als Schizomyceten, Spaltpilze, bezeichnet — wegen ihrer leichten Zerbrechlichkeit so genannt. Aus ihrer anatomischen Structur gehe nicht hervor, ob es Pflanzen, Thiere oder krankhafte thierische oder pflanzliche Elementartheile seien; wenig Gründe sprechen dafür, dass es Pflanzen und kleine Thiere seien.

In ähnlichem Sinne erklärt Pasteur[3]) die Bacterien als dem Thierreich zugehörig, deren Ursprung und Vermehrung wegen ihrer Kleinheit überaus schwierig zu erforschen sei.

Die Schizomyceten (Vibrio, Bacterium, Zoogloea Cohn, Sarcina etc.) werden von de Bary[4]) als eine Gruppe von Organismen betrachtet, die morphologisch von den Pilzen auszuschliessen und den Oscillarien an die Seite zu stellen sind, wenn auch ihr Vegetationsprocess dem der Pilze gleich ist. Sie bestehen aus Zellen von rundlicher oder kurzcylindrischer Form, die sich durch fortwährende Zweitheilung vermehren und ent-

---

[1]) Nov. Act. Acad. Nat. Curios. T. XXIV. p. 103. 1854.

[2]) Amtlicher Bericht über die 33. Versammlung deutscher Naturforscher zu Bonn 1859, p. 133.

[3]) Annales de Chemie et de Physique III. Serie T. LXIV. p. 5. 1862.

[4]) Handbuch der physiol. Botanik von Hoffmeister. B. II. p. 3. 1866.

weder frei, oder zu Reihen oder kleinen Körpern vereinigt sind, die an allen Punkten gleichmässig durch Zelltheilung wachsen.

Die Entwickelung der Vibrionen steht nach Joh. Lüders[1]) in engstem Zusammenhange mit gewissen Pilzen. Unter verschiedenen Bedingungen sollen sich aus dem Mycelium wie aus den Sporen von Mucor, Penicillium etc. kleine Körperchen entwickeln und in der Regel auch austreten, die Vibrionen-Keime genannt werden (eine Art Micrococcus); diese können sich dann weiter zu Bacterium, Vibrio, Hefezellen etc. entwickeln. Aus allen diesen Produkten, die sich aus Bacterien zu entwickeln vermögen, entstehen die Bacterien bei der nöthigen Feuchtigkeit wieder auf's Neue. Im Blute gesunder Thiere seien schon während des Lebens Vibrionenkeime enthalten.

Polotebnow[2]) zieht aus seinen Versuchen über den Ursprung und die Vermehrung der Bacterien den Schluss, dass die Bacterien sich nur durch Einführung neuer Keime, nicht durch Reproduktion vermehren. Sämmtliche Formen aus der Familie der Vibrionen sind nichts anderes als zarte Mycelien, die aus Penicilliumsporen hervorgehen. Die Bacterien sind demnach jene Entwicklungsformen der Penicilliumsporen (und ähnlicher Sporen), durch welche die letzteren unter gewissen äusseren Verhältnissen zu Grunde gehen. Das einmal zur Entwickelung gelangte Bacterium ist einer weiteren Vermehrung nicht fähig.

Bender[3]) beschreibt die Stäbchen im Blute milzbrandkranker Thiere, die er auf Eiweiss, Kleister und Zuckerwasser zu cultiviren versuchte, jedoch ohne Resultat. Aus weiteren Versuchen schliesst er, dass der Milzbrandparasit seinen Ursprung wahrscheinlich einer Algenart verdanke. Die Entstehung der Anthraxepizootien wäre demnach lediglich im Trinkwasser zu

[1]) Archiv für mikrosk. Anatomie von Max Schultze. B. III. p. 317. 1867. und Botan. Zeitung 1866. p. 33.

[2]) Sitzungsberichte der kais. Akademie d. Wiss. zu Wien. B. LX. Jahrg 1869. p 725. Gibt zugleich eine historische Einleitung über Bacterien, die oben zum Theil benutzt wurde.

[3]) Bluntuntersuchungen bei Milzbrand. Zeitschrift für Parasitenkunde B. I. p. 185. 1869.

suchen und es seien nicht allein unreine, mit Algen reichlich beschlagene Brunnen, sondern auch alte hölzerne Trinkgefässe, Eimer etc. zu beschuldigen.

Eine der wichtigsten neueren Arbeiten über Bacterien verdanken wir H. Hoffmann[1]), dem Verfasser der „Mykologischen Berichte". Er bezeichnet die Bacterienfrage als einen Angelpunkt für die Pathologie des Menschen, sowie für einen Theil der Mykologie. Die Bacterien, welche zu den einfachsten Organismen gehören oder es selbst sind, unterscheidet Hoffmann in Mikrobacterien (Bact. termo, Vibrio lineola Ehrenb., Termo, Zoogloea termo, Vibrio Bacillus), Mesobacterien (Bact. punctum, Bact. tremulans, Vibrio lineola Duj., die Milzbrandbacteridien und Alles was man Vibrionen nennt), endlich als grösste Formen Makrobacterien. Die Bacterien im Milzbrandblute hält H. auf Grund eigener Untersuchungen für pathognomonisch; neben einer chemisch deletären sie begleitenden Action wirken sie im Capillarsystem vielleicht auch rein mechanisch. Das Vorkommen der Bacterien im Blute des lebenden Thieres konnte er ebenfalls constatiren. Die Annahme, dass aus einem (isolirten) punkt- oder kugelförmigen Körperchen durch Längenwachsthum ein Bacterienstäbchen werden könne, bezeichnet H. als unrichtig. Die Bacterien sind keine schwankenden Anfangsgebilde, aus denen nach Zeit und Gelegenheit alles Mögliche werden kann, sondern es sind Wesen, die ihre festen Grenzen einhalten und nie anders, als durch gleichartige Wesen erzeugt werden können. Nachdem er nachgewiesen, dass die Vegetation der Bacterien unter allen Umständen an das Vorkommen von Sauerstoff gebunden sei, verwirft er mit Entschiedenheit die sogenannte Micrococcustheorie (Hallier); der Micrococcus sei nichts Anderes, als Zerfallprodukte, organischer Detritus, welcher niemals zu einer neuen Organisation irgend einer Art sich erheben kann; sie sind das Ende des Todes, nicht der Anfang des organischen Lebens.

---

[1]) Botan. Zeitung. 1869. Nr. 15—20. p. 233—321. Diese Arbeit wurde von der Pariser Akademie mit einem Preise gekrönt.

Nicht minder wichtig für die Bacterienfrage sind die Resultate neuer Untersuchungen von F. Cohn[1]), deren Hauptergebnisse folgendermassen lauten: Die Bacterien sind Zellen; bei den grösseren Formen lässt sich ein protoplasmaartiger, höchstwahrscheinlich stickstoffhaltiger Zelleninhalt, sowie eine scharfe Umgrenzung, jedoch keine doppelt contourirte Zellmembran unterscheiden. Die Bacterienzellen vermehren sich durch Quertheilung in zwei gleichwerthige Tochterzellen, die sich bald wieder quertheilen; die Theilungsgenerationen isoliren sich sofort, oder bleiben eine Zeit lang in kettenartigem Zusammenhang. Die Bacterien assimiliren stickstoffhaltige Verbindungen und nehmen flüssige in Wasser gelöste Eiweissverbindungen für ihre Ernährung endosmotisch auf. Die Bacterien vermögen auch feste, in Wasser nicht lösliche Eiweissverbindungen zu assimiliren, nachdem sie dieselben vorher verflüssigt haben. Dieses Verflüssigen fester oder halbflüssiger Eiweisskörper in Verbindung mit deren Assimilation durch die Bacterien und den dabei auftretenden Nebenprodukten wird als Fäulniss bezeichnet. Die Bacterien sind die einzigen Organismen, welche die Fäulniss eiweissartiger Substanzen herbeiführen; sie allein sind Saprogene. Wahrscheinlich gibt es verschiedene Gattungen und Arten von Bacterien; nach äusseren Merkmalen unterscheidet Cohn mit Hoffmann Mikrobacterien, Mesobacterien und Makrobacterien; vielleicht wäre eine Eintheilung in Kugel- oder Punktbacterien, Cylinderbacterien (Bacterium im engeren Sinn) und Schraubenbacterien vorzuziehen. Indem die stickstoffhaltigen Nährstoffe aufgezehrt werden, hören die Bacterien allmählig auf, sich zu vermehren, und gehen aus dem beweglichen in den Ruhezustand über, wobei sie in der Regel Intercellularsubstanz ausscheiden und sich in palmellaartige Massen (Zoogloea) zusammenhäufen. Wenn Wasser, in welchem Bacterien leben, verdunstet, so werden zahllose Bacterien in die Luft fortgeführt, und zwar vorzugsweise die kleinsten kugeligen Zellen. Zahllose

[1]) Botan. Zeitung 1871. p 738. und p. 861.

kugelige Mikrobacterien, die Bacterienkeime steigen bei aller Verdunstung faulender Flüssigkeiten in die Luft auf, werden beim Einathmen der Luft eingeschluckt, mit meteorischen Wasserniederschlägen auf alle Körper abgesetzt und werden in allen der Luft ausgesetzten Eiweissverbindungen zu Erregern der Fäulniss.

Die Bacterien sind nach Cohn keineswegs wie Hallier behauptet, eine besondere Fortpflanzungsform (Micrococcus-Schwärmer) von Penicillium, gehen überhaupt nicht aus Penicillium hervor, sondern stellen selbstständige Organismen dar. Die Arbeiten Hallier's könnten füglich ignorirt werden, da sie nicht nach wissenschaftlicher Methode angestellt seien. Ebenso sind die Schlüsse von Polotebnow und Crace Calvert, dass die Bacterien sich nur durch Einführung neuer Keime, nicht durch Reproduktion vermehren, ferner die Entstehung der Bacterien durch Urzeugung (Bastian und Frankland) endlich die Entstehung der Bacterien aus Hefezellen und Penicillium (Huxley) nach Cohn vollkommen unhaltbar.

Auch Rindfleisch[1]) verwirft die Entstehung der Bacterien aus Pilzsporen; er lässt die Bacterien aus punktförmigen Gebilden sich entwickeln, welche zu einer Art gestielter Keule werden und so das erste Glied eines länger gestielten gegliederten Fadens darstellen. Von den zwei Arten von Fäulnissschizomyzeten — Bacterium und Micrococcus — ist ersteres ein ständiger, letzterer ein häufiger Begleiter der Fäulniss, beide ohne verwandtschaftliche Beziehungen. Die Bacterien mit willkürlicher Bewegung sind niederste Thiere, der Micrococcus durch Sesshaftigkeit ausgezeichnet, niederste Pflanze.[2])

---

[1]) Untersuch. über nied. Organismen. Virchow's Archiv. B. LIV. p. 396. 1872.

[2]) Die Arbeiten Hallier's habe ich in meiner Zusammenstellung nicht erwähnt, und verweise in dieser Beziehung auf die Referate von H. Hoffmann (Mykologische Berichte für 1869, 1870 und 1871. I., II. und III. Giessen 1870, 1871 und 1872), sowie auf die Arbeit von Eidam (Der gegenwärtige Standpunkt der Mykologie. Berlin 1871.)

Um endlich auch dem zoologischen Standpunkte gerecht zu werden, hören wir noch die Ansichten zweier Zoologen über die Bacterien.

Schmarda[1]) beschreibt die Vibrionen und Bacterien als der Familie der Gährungsthiere (Cymozoida) Vibrionidae Ehrenb. zugehörig. Diese Familie gehört zur Ordnung der mundlosen Infusorien (Astomata) aus der Klasse der Aufgussthierchen (Infusoria) und der Division der Sarkodethiere. Schmarda bezeichnet sie als farblose, durchsichtige Organismen mit einer starren Umgrenzung und einem plasmatischen Inhalt. Sie sterben in Folge des mangelnden Sauerstoffs, sowie durch andere chemische und thermische Einwirkungen. Sie sind von einer solchen Leichtigkeit, dass jeder Luftzug der über verdunstendes Wasser streicht, sie hebt; sie tragen wesentlich zur Panspermie der Luft bei und fallen in alle Flüssigkeiten. Im Blute milzbrandiger Thiere sollen sie freibeweglich (?) vorkommen. Ihre Vermehrung ist immer ein Zeichen der Umsetzung stickstoffhaltiger Substanzen.

Häckel[2]) rechnet diese kleinsten Wesen zu jener merkwürdigen Gruppe von Organismen, die weder in den Stammbaum des Pflanzenreiches, noch in den Stammbaum des Thierreiches ohne künstlichen Zwang eingereiht werden können. Diese interessanten und wichtigen Organismen sind die Urwesen oder Protisten. Sämmtliche Organismen, die Häckel als Protisten zusammenfasst, zeigen in ihrer äusseren Form, in ihrem inneren Bau und in ihren gesammten Lebenserscheinungen eine so eigenthümliche Mischung von thierischen und pflanzlichen Eigenschaften, dass sie mit klarem Rechte weder dem Thierreiche, noch dem Pflanzenreiche zugetheilt werden können. In dem endlosen und fruchtlosen Streite, der seit mehr als 20 Jahren über diese Gebilde herrscht, wurden viele dieser zweifelhaften Urwesen von den Botanikern für Pflanzen, von

[1]) Zoologie. B. I. p. 182. Wien. 1871.

[2]) Natürliche Schöpfungsgeschichte. 2. Aufl. p. 373. Berlin 1870. u. Generelle Morphol. I. p. 191—238.

den Zoologen für Thiere erklärt; jeder wollte sie haben. Diese Widersprüche sind nicht durch unsere unvollkommenen Kenntnisse der Protisten, sondern durch ihre wahre Natur bedingt. Aus diesen Gründen ist es vorläufig das Beste, die zweifelhaften Zwitterwesen sowohl aus dem Thierreiche als aus dem Pflanzenreiche auszuweisen und in einem zwischen beiden mitten innestehenden dritten organischen Reiche zu vereinigen. Dieses vermittelnde Zwischenreich wurde von Häckel als das Reich der Urwesen (Protista) aufgestellt und begründet.

II.

Eine Milzbrand-Enzootie.

In seinem klassischen Werke über die Milzbrandkrankheiten der Thiere und des Menschen (Erlangen 1850. p. 345.) spricht sich Heusinger bei Erörterung der geographischen Verbreitung des Milzbrandes dahin aus, dass die Schweiz wohl Gelegenheit zu Untersuchungen über die Ursachen des Milzbrandes biete, jedoch seien ihm allgemeine Untersuchungen über das Vorkommen der Krankheit nicht bekannt. Heusinger stützt seine erstere Ansicht darauf, dass es in der Schweiz Alpen gebe, auf denen noch niemals Milzbrand vorgekommen, andere, auf denen er in einzelnen Jahren erscheint und noch andere, auf denen er in keinem Jahre fehlt.

Für den Kanton Zürich gibt Heusinger speciell an, dass besonders über den Milzbrand der Schweine allgemein geklagt werde, während der Milzbrand anderer Thiere in diesem Kantone gelegentlich, jedoch nicht gerade häufig erwähnt werde. Schon aus diesen Andeutungen lässt sich schliessen, dass sich im Kanton Zürich keine sogenannten Milzbranddistrikte befinden, eine Annahme, die ich auf Grund zuverlässiger mündlicher Mittheilungen bestätigen kann. Die Angaben Heusinger's über den Milzbrand bei Schweinen beziehen sich ohne Zweifel auf den in der Schweiz überhaupt häufigen Rothlauf der Schweine, dessen Beziehungen zum eigentlichen Anthrax zum mindesten noch nicht ganz klar, dessen Anthraxnatur überhaupt vielfach vollkommen geleugnet wird.[1]) Der Milzbrand kommt im Kanton Zürich, wenn man den Rothlauf der Schweine ausser Betracht lässt, nur sporadisch und im Ganzen sehr selten vor; ein epizootisches oder enzootisches Auftreten ist mit Ausnahme der nun zu beschreibenden Enzootie aus den letzten Jahrzehnten nicht constatirt.

Allerdings kennt man aus der Geschichte des Milzbrandes Epi- und Enzootien, welche längere Zeit hindurch in demselben Orte und vielleicht auch in demselben Stalle herrschten. Eine so scharf begrenzte Milzbrandenzootie jedoch, wie ich sie schildern werde, welche Jahre lang fortgesetzt den Viehstand desselben Besitzers decimirte, während die unmittelbar angrenzenden Ställe der Nachbarn verschont bleiben, dürfte in der Geschichte der Milzbrandkrankheiten ziemlich vereinzelt dastehen und schon aus diesem Grunde einer Beschreibung würdig erscheinen. Wenn irgendwo, so musste hier eine nähere Untersuchung eine gewisse Anziehungskraft üben und ich muss gestehen, dass ich mit einigen Erwartungen an die Untersuchung dieser so scharf abgegrenzten Enzootie herangetreten bin. Alle Verhältnisse, die man gewöhnlich als wichtig für die Aetiologie des Milzbrandes betrachtet, erschienen klar und übersichtlich zusammengelagert und einer näheren Erforschung zugänglicher, als bei Epizootien, die grössere Gebiete beherrschen. Wenn die Ergebnisse meiner Untersuchungen hinter den gehegten Erwartungen zurückgeblieben, so mag dies theilweise in äusseren Verhältnissen begründet sein; inwiefern sie sich realisirt haben, möge der Leser aus der folgenden Darstellung entnehmen.

Bevor ich zur Schilderung dieser merkwürdigen Enzootie schreite, deren Verlauf und Detail ich hauptsächlich nach den amtlichen Berichten des Herrn Bezirksthierarztes Egli zu Uster erzähle und theilweise nach persönlichen Erhebungen und mündlichen Mittheilungen an Ort und Stelle ergänze, schicke ich

---

[1]) Vergl. Harms. Der Rothlauf des Schweines — die Schweineseuche. Hannover. 1869.

einige topographische Notizen über die Lokalität voraus, welche die Heimath unserer Enzootie bildet.

Wenn man auf der Eisenbahn von Zürich nach Rapperschwyl fährt, so sieht man beiläufig in der Mitte dieser Bahnlinie zwischen den Stationen Nänikon und Uster, kaum $^1/_2$ Stunde von letzterem entfernt, links hart neben dem Bahndamme ein kleines Dörfchen liegen, welches nur aus 11 Gehöften besteht. Dieser Ort, Werikon, liegt östlich $^1/_4$ Stunde von dem kleinen Greiffensee entfernt auf einer leichten Erhebung der Thalsohle inmitten des Glattthales. Die nächste Umgebung bilden Wiesen, welche vielfach feucht und sumpfig wie im grössten Theile des Glattthales aus Torfgrund bestehen. Eines der grössten Anwesen zu Werikon ist das des Kirchenpflegers Denzler, welches aus zwei ungefähr 300 bis 400 Schritt von einander entfernten und durch zwei Strassen getrennten Gebäuden besteht. In diesen finden sich Wohnung, Stallung und Scheune unter demselben Dache. Die beiden Ställe, die ich als oberen und unteren bezeichnen werde, sind von mässiger Grösse, für je 10—12 Stück Grossvieh berechnet, von gehöriger Höhe, hell, reinlich gehalten und überhaupt zweckmässig eingerichtet. Der Boden in beiden Ställen mit kleinen Steinen gepflastert, besteht im Uebrigen aus gestampftem Lehmboden.

Nachdem der Besitzer im Jahre 1854 zahlreiche Schafe am Milzbrand verloren hatte, kam bis zum Sommer 1868 keine ähnliche Erkrankung unter seinem Viehstand vor. Von dieser Zeit an folgten sich in unregelmässigen Zwischenräumen eine grössere Zahl von Milzbrandfällen, die ich nach den wichtigsten Erscheinungen im Leben und Tode mittheile.

I. 20. August 1868. Kuh. Oberer Stall.

Bei dem vorher immer gesunden Thiere bemerkte man am Abende des 20. August Nachlass der Milchsecretion, am 21. August vollständig aufgehobene Milchabsonderung, keine Fresslust, Zittern am Hinterleib. Da diese Symptome sich verschlimmerten, schritt man noch vor Ablauf von 24 Stunden zur Schlachtung.

Section am 21. August:

Lungen normal. An beiden Herzohren innen und aussen Blutunterlaufungen; zahlreiche Bluthcerde in der Musculatur beider Herzkammern. Hämorrhagischer Hydrops ascites, sulzig blutige Infiltrationen im Netz und Gekröse. Die Leber ohne besondere Veränderung. Die Milz stark vergrössert, breiig weich, die Pulpa schwarz und theerartig. Im Dünndarm blutiger Inhalt, die Schleimhaut mit zahreichen grösseren und kleineren Blutflecken bedeckt. Bluterguss in die Höhle der Gebärmutter; hämorrhagische Heerde im rechten Ovarium. Nieren ohne bemerkenswerthe Veränderung.

Die Diagnose auf Milzbrand wurde von mehreren Professoren der Thierarzneischule zu Zürich, die an Ort und Stelle der Section beiwohnten, bestätigt. Eine Ansteckung von diesem Fall auf einen Menschen mit lethalem Ausgang soll später näher erzählt werden.

II. 24. September 1868. Stier. Unterer Stall.

Das Thier zeigte Morgens keine Fresslust und allgemeine Schwäche. Dasselbe ist nicht im Stande aufzustehen, liegt fortwährend zu Boden, die Athmung geschieht mühsam und keuchend, der Kopf ist krampfhaft zurückgebogen (Opisthotonus), man bemerkt Convulsionen der vorderen Gliedmassen und unwillkührliche Bewegungen des Augapfels. Nachdem sich noch blutiger Ausfluss aus der Nase und blutige Entleerungen aus dem After eingestellt, schritt man nach mehrstündiger Dauer der Krankheits-Erscheinungen zur Schlachtung, wobei das Blut schwarz und dick floss.

Die am Nachmittage desselben Tages vorgenommene Section ergab dieselben Veränderungen wie bei der früher geschlachteten Kuh (I). Die Diagnose auf Milzbrand wurde wiederum von mehreren Professoren der Thierarzneischule zu Zürich bestätigt.

III. 24. März 1869. Rind, 2jährig. Unterer Stall.

Das vollkommen gesunde Thier war am 18. März angekauft worden, am Abend des 23. März noch munter und von guter Fresslust. Am Morgen des 24. März bemerkte man erschwertes Athmen, Schaum vor dem Maule, eine grosse allgemeine Schwäche und Unvermögen aufzustehen. Diese Symptome verschlimmerten sich so rasch, dass man alsbald zur Tödtung des Thieres schreiten musste.

Bei der Section fanden sich dieselben Veränderungen wie in den beiden vorhergehenden Fällen und wurde der Process als Milzbrand constatirt.

IV. 22. August 1869. Rind. Oberer Stall.

Am 22. August Morgens zeigte das Thier Mangel an Fresslust. Obgleich Mittags eine Besserung des Appetits und Wiederkauen beobachtet wurde, verschlimmerte sich nach der Abendfütterung das Befinden des Thieres derart, dass man das Thier rasch tödtete.

Bei der Section wurden alle Erscheinungen des Milzbrandes wie in den früheren Fällen constatirt.

V. 19. September 1870. Pferd, 10jährig. Unterer Stall.

Eine zehnjährige braune Stute, früher immer gesund, zeigte am 19. September plötzlich Mangel an Fresslust und verschiedene andere krankhafte Erscheinungen. Der behandelnde Thierarzt fand das Thier nach $1^1/_2$tägiger Krankheitsdauer moribund am Boden liegend, das Maul weit geöffnet, die Zunge heraushängend und blauroth, die Pupillen stark erweitert, die Athmung erschwert, der Puls sehr frequent und fast nicht zu fühlen, grosse Schwäche, Unvermögen aufzustehen und convulsivische Bewegungen der Gliedmassen. Der Tod erfolgte sehr rasch.

Die Section ergab folgenden Befund:

Blutiger Inhalt in der Nasenhöhle; das Blut allenthalben dunkel, dickflüssig, ungeronnen. In der Muskulatur des Herzens kleine Blutflecken, das Herz mürbe. Die Lungen sehr blutreich, mit Ecchymosen versehen; in der Luftröhre und den grossen Bronchien blutiger Schaum. In der Bauchhöhle eine mässige Menge seröser Flüssigkeit; zahlreiche Blutunterlaufungen und gelbsulzige Ergiessungen in die Darmserosa und das Bindegewebe der Nierenkapsel. Die Milz sehr stark vergrössert, dunkel gefärbt und sehr blutreich. Die Leber ebenfalls blutreich. In der Darmschleimhaut zahlreiche grössere und kleinere Blutunterlaufungen, sowohl im Dünn- als im Dickdarm. Hämorrhagische Heerde in den Ovarien.

VI. 13. Januar 1871. Kalb, 3½ Monate alt. Oberer Stall.

Das vorher gesunde Thier zeigte am 13. Januar dieselben Erscheinungen, wie die früher an Milzbrand gefallenen Thiere; der Tod erfolgte schon nach einigen Stunden.

Die Section bestätigte die im Leben gestellte Diagnose, indem sich alle dem Milzbrande zukommenden Veränderungen nachweisen liessen — wie in Fall I. und II.

VII. 16. März 1871. Rind. Oberer Stall.

Das Thier war gleichzeitig mit einer Kuh, die ebenfalls an Milzbrand erkrankte und starb (VIII.) 5 Tage vor der Erkrankung angekauft und neu eingestellt worden.

Am 16. März zeigte das Rind verschiedene krankhafte Symptome, welche mit den bei den früheren Milzbrandfällen beobachteten durchaus übereinstimmten, darunter am auffälligsten: Mangel an Fresslust, die sich zeitweise wieder einstellte, ferner Traurigkeit, Mattigkeit, etwas beschleunigter, fast unfühlbarer Herzschlag, Temperaturerhöhung (40,0 ° C.). Nach 24stündiger Krankheitsdauer trat vollkommene Genesung ein.

VIII. 17. März 1871. Kuh. Unterer Stall.

Am Morgen des 17. März war das 6 Tage vorher neu eingestellte Thier noch munter und von reger Fresslust. Bald darauf bemerkte man äusserste Mattigkeit, aufgetriebenen Hinterleib, starkes Muskelzittern. Herr Bezirksthierarzt Egli fand das Thier mit zusammengestellten Extremitäten, am ganzen Körper zitternd und wankend; sämmtliche Gliedmassen zeigten heftige Zuckungen und Krämpfe. Herzschlag und Puls weder fühl- noch hörbar. Die Körperwärme 41,6 °. Die Excremente dünnflüssig, ohne Blutbeimischung. Fresslust beinahe vollständig erloschen, bedeutender Durst, die Extremitäten kalt. Im Verlaufe einer halben Stunde stieg die Temperatur auf 41,7 ° C. und fiel nach 2 Stunden auf 41,0° C. Gleichzeitig liessen die Zuckungen etwas nach. Gegen Abend war die Besserung soweit vorgeschritten, dass man das Thier als wieder hergestellt betrachtete. Das Muskelzittern war gänzlich verschwunden, die Fresslust ordentlich, so dass das Thier am Morgen des 18. März das Bild vollkommener Gesundheit bot. Am Nachmittage jedoch traten sehr rasch dieselben Erscheinungen auf wie am Tage vorher und in kurzer Zeit stand das Thier um.

Die Section ergab alle Erscheinungen des Milzbrandes wie in den früheren Fällen; namentlich war die Milz zu nie gesehener Grösse geschwellt.

Soweit die amtlichen Berichte des Herrn Bezirksthierarztes Egli. Ich schliesse daran unmittelbar die Mittheilung von zwei weiteren Milzbrandfällen in denselben Stallungen, welche ich selbst zu beobachten und untersuchen Gelegenheit hatte.

IX. 14. Februar 1872. Ochse, 2jährig. Unterer Stall.

Spontaner Milzbrand, Tod (durch Schlachtung) nach 40 Stunden. Theerartiges Blut, acuter Milztumor, Enteritis hämorrhagica, Darmkarbunkel, Blutungen im Herzmuskel und im Peritoneum. Keine stäbchenförmigen Körperchen im Blute.

Das vorher angeblich immer gesunde Thier, ein ungefähr zweijähriger wohlgenährter Ochse, welchen der Besitzer 8 Tage vor der Erkrankung angekauft hatte, zeigte plötzlich am 14. März Morgens verminderte Fresslust, Muskelzittern, Mattigkeit, Unruhe, vermehrte Athmung und frequenten Puls. Diese Erscheinungen liessen wieder nach; am Nachmittage zeigte das Thier wieder Fresslust und Wiederkauen. Am 15. Februar Morgens trat wieder ein neuer Anfall auf. H. Egli fand das Thier liegend und von einer solchen Schwäche, dass es nur mit grosser Mühe zum Aufstehen gebracht werden konnte. Die im After gemessene Temperatur betrug 39,5 ° C., der Puls sehr schwach, Herzschlag pochend, die Athmung vermehrt und mühsam, die Fresslust vollkommen aufgehoben, der Kothabsatz normal, am Hintertheile war eine auffallende Schwäche bemerkbar. Das durch einen Aderlass gewonnene Blut zeigte keine Gerinnung. Alsbald stellte sich blutige Kothentleerung ein, welche ebenso wie die oben geschilderten Erscheinungen sich fortwährend steigerte und so schritt man in Voraussicht eines baldigen lethalen Ausganges bei natürlichem Verlaufe nach 40stündiger Dauer der Krankeit zur Schlachtung.

Während Herr Egli am 16. Februar die inneren Organe untersuchte und sogleich einzelne derselben — namentlich die Milz — an die Thierarzneischule zu Zürich behufs mikroskopischer Untersuchung übersandte, war es mir erst am 17. Februar Nachmittags 3 Uhr möglich, eine genauere Untersuchung der einzelnen Organe an Ort und Stelle vorzunehmen. Dieselben in einem kühlen Raume aufbewahrt zeigten keine Spur von Zersetzung oder beginnender Fäulniss, sondern waren nach Aussehen nnd sonstiger Beschaffenheit vollkommen frisch erhalten.

Der Sectionsbefund war folgender: Die zerlegten Körpertheile stammten von einem wohlgenährten und kräftig gebauten Thiere mit reichlicher Muskulatur und ziemlichem Fettpolster. Im Unterhautzellgewebe vereinzelte kleine Blutflecken. Am Herzen findet sich auf beiden Ventrikeln je eine grössere Gruppe von verschieden grossen subepicardialen Ecchymosen; die Muskulatur derb und durchweg von zahlreichen grösseren Blutheerden derart durchsetzt, dass die Schnittfläche förmlich marmorirt erscheint. Am linken Herzohre grössere hämorrhagische Suffusionen mit zahlreichen kleineren Blutpunkten in der Umgebung. Das Endocardium normal, ebenso die Herzklappen. In beiden Herzhälften namentlich rechts mässige Mengen schwarzen, theils theerartigen, theils locker geronnenen Blutes. Die Lungen ohne auffallende Veränderung, nur stellenweise atelectatisch. Die Leber ebenfalls ohne besondere Veränderung. Die Milz um das 3—4fache vergrössert und zwar in allen Durchmessern; die Kapsel vielfach blutunterlaufen und in höchstem Grade gespannt. Beim Einschneiden drängt sich das Milzgewebe schwammartig über die Schnittfläche hervor und zeigt entsprechend den stark gespannten Trabekeln vielfache linien- und netzförmige Einsenkungen, zwischen welchen die breiige, schwarzrothe Pulpa emporquillt. Die Schleimhaut des Labmagens ist verdickt, saftig geschwellt, glänzend und mit wenig zahlreichen Ecchymosen durchsetzt. Der Dünndarm enthält in seiner ganzen Ausdehnung eine grosse Menge theerartigen, dickflüssigen, schwarzrothen blutigen Inhalts und nur Spuren von Futterresten. Die Schleimhaut allenthalben dunkelbraunroth, verdickt und ebenso wie die übrigen Theile der Darmwandung ödematös, von zahlreichen Blutungen durchsetzt. Die Peyer'schen Plaques stark geschwellt und an mehreren Stellen nahe der Blinddarmklappe in flache, beetartige Karbunkel von mässiger Ausdehnung umgewandelt von circa 1—1½ Centimeter Dickendurchmesser, welche zum Theil in oberflächlicher Verschorfung begriffen sind. Im Dickdarme dickbreiiger, kothiger Inhalt, welcher nur im Mastdarme mit Blut gemischt ist. Die Schleimhaut des letzteren ist auffallend verdickt, gewulstet, saftreich, glänzend und mit einzelnen Ecchymosen versehen. Am Gekrösansatze finden sich subperitoneale Blutunterlaufungen in mässiger Zahl. Die Nieren, das Gekröse waren bereits beseitigt. Nach Mittheilung des H. Egli fanden sich in letzterem blutige Infiltrationen, die Gekrösdrüsen waren geschwellt und ebenfalls hämorrhagisch infiltrirt.

Bei der mikroskopischen Untersuchung des Blutes aus verschiedenen Organen, die übrigens an dem eingesendeten Milzstücke schon am 16. Februar, sowie wiederholt am 17. Februar vorgenommen wurde, fanden sich keine stäbchenförmigen Körper, ebensowenig in der Milz. Dagegen fanden sich im Blute ausser einer auffallenden Vermehrung der farblosen Blutkörperchen kleine glänzende punktförmige Körperchen in mässiger Menge. An denjenigen Stellen der Darmschleimhaut, die oben als Karbunkel beschrieben wurden, fand sich bei der mikroskopischen Untersuchung ein theilweises oder vollständiges Fehlen der Zotten; das ödematöse Gewebe der Schleimhaut ist reichlich durchsetzt von weissen Blutkörperchen (zelliges Oedem), die Capillarnetze sehr deutlich sichtbar, stark ausgedehnt und angefüllt mit weissen Blutkörperchen und einer feinkörnigen Masse, welche gegen chemische Zusatzflüssigkeiten eine grosse Resistenz besitzt.

Obwohl das Blut in diesem Falle bei der wiederholten und sorgfältigsten Untersuchung keine stäbchenförmigen Körper enthielt, konnte nach dem Ergebnisse der Section kein Zweifel obwalten, dass man es hier mit Milzbrand zu thun habe. Zur vollständigen Gewissheit wurde diese Diagnose durch das Resultat verschiedener Impfversuche erhoben, auf die ich bei Erörterung der Frage von den stäbchenförmigen Körperchen zurückkommen werde. Ich bemerke hier nur vorläufig, dass es gelang, durch Impfung mit diesem Blute (IX.), welches ohne stäbchenförmige Körper war, Milzbrand mit stäbchenförmigen Körpern bei verschiedenen Thieren zu erzeugen.

Endlich schliesse ich noch die Mittheilung eines weiteren Falles von Milzbrand hier an, welcher drei Wochen nach dem zuletzt geschilderten in einem der Denzler'schen Ställe zu Werikon vorkam und welchen ich theilweise selbst untersuchen konnte, theils durch zwei meiner Schüler, die Herren Ferd. Kaufmann und August Bär, genau beobachten liess. Dieser interessante Fall, auf den ich noch einmal bei Besprechung des Verlaufes des Milzbrandes zurückkommen werde, da er unter Form des sogenannten intermittirenden Milzbrandes verlief und namentlich thermometrisch sehr genau verfolgt wurde, endigte in Genesung und soll hier nur in seinen Umrissen soweit Erwähnung finden, als er für das Bild der Enzootie eine Bedeutung hat.

X. 9. März 1872. Rind, 2½ jährig. Unterer Stall.

Das kräftig gebaute und gut genährte Thier, welches fünf Tage vor der Erkrankung eingekauft war, hatte seinen Platz in demselben Stalle und an demselben Stand gefunden, wo drei Wochen vorher ein Ochse (IX.) mit ausgesprochenem Anthrax gestanden war. Das vorher gesunde Thier zeigte am 9. März des Morgens früh Mangel an Fresslust, eine gewisse Schwäche, Muskelzuckungen, bluthaltigen Koth, gesteigerte Temperatur und vermehrten Puls. Wie oben bemerkt, soll das Nähere und namentlich die Puls- und Temperaturcurve dieses genau beobachteten Falles an einer anderen Stelle ausführlich mitgetheilt werden, und möchte es vorläufig genügen, wenn ich erwähne, dass das Thier nach 1½tägiger Krankheitsdauer wieder vollkommen genas. Im Blute des lebenden Thieres fanden sich mikroskopisch keine Bacterien.

Ausser diesen, theils nach den Berichten des H. Bezirksthierarztes Egli, theils nach eigenen Beobachtungen mitgetheilten Fällen von Milzbrand finden sich in jenen Berichten kurze Bemerkungen über eine weitere Zahl von Anthraxerkrankungen in den beiden Ställen zu Werikon eingestreut. Dieselben gingen zum Theil in Genesung aus oder wurden in Voraussicht eines schlimmen Ausganges rasch dem Metzger zur Schlachtung übergeben und bei Gelegenheit der oben mitgetheilten Fälle von dem amtlichen Thierarzte nach Aussagen des Besitzers constatirt. Da diese Fälle nicht von fachmännischer Seite direkt festgestellt wurden, so werde ich sie nicht in die Reihe der übrigen Beobachtungen aufnehmen, sondern dieselben nur, um ein vollständiges Bild der Enzootie zu gewinnen, kurz erwähnen. Es sind dies folgende Fälle:

1) 23. Juni 1868. Unterer Stall. Ein ½jähriger Absäugling musste zwei Monate vor Fall I. getödtet werden, da er verschiedene, auf Milzbrand verdächtige Krankheitserscheinungen gezeigt und plötzlich zu Boden gestürzt war.

2. 22. August 1868. Unterer Stall. Gleichzeitig mit Fall I. musste ein Ochse, welcher ähnliche krankhafte Erscheinungen wie die betreffende Kuh gezeigt hatte, rasch dem Metzger übergeben werden.

3) 10. März 1869. Vierzehn Tage vor Fall III. musste ein fetter Ochse, welcher ähnliche krankhafte Erscheinungen gezeigt hatte, geschlachtet werden.

4) 1. August 1869. Oberer Stall. Drei Wochen vor Fall IV. hatte ein Ochse in demselben Stalle die Erscheinungen des Milzbrandes gezeigt. Die Genesung erfolgte sehr rasch.

5) 13. Dezember 1870. Vier Wochen vor Fall VI. zeigte

eine Kuh die Erscheinungen des Milzbrandes, genas jedoch wieder von selbst.

Dass diese fünf Fälle wirklich demselben Krankheitscyclus angehören, wie die oben ausführlicher geschilderten, kann kaum einem Zweifel unterliegen. Einmal sind die Symptome des Anthrax im Leben selbst für den Laien leicht zu beobachten und anderseits ist es sehr naheliegend, dass der Besitzer des so hart mitgenommenen Viehstandes, sowie seine Angehörigen nicht bloss mit ängstlicher Sorgfalt über den Gesundheitszustand ihres Viehstandes wachten, sondern auch durch das häufige Vorkommen der Krankheit leicht im Stande waren, mit einer Art diagnostischen Scharfblickes auch schon die ersten Anfänge des Milzbrandes sicher zu erkennen, eine Thatsache, von der ich mich persönlich zu überzeugen in der Lage war.

Zur Erleichterung des Ueberblickes, namentlich der chronologischen Aufeinanderfolge gebe ich nebenstehend eine tabellarische Zusammenstellung sämmtlicher Krankheitsfälle:

Die Milzbrand-Enzootie zu Werikon.

Nr. curr.	Nr.	Datum: Tag und Monat	Datum: Jahr	Thiergattung	Dauer	Ausgang	Section	Localität
1.	1*	23. Juni	1868	Rind, $1^1/_2$jähr.	Einige Stunden	Schlachtung	—	Unterer Stall
2.	I.	20. August	1868	Kuh	24 Stunden	„	Milzbrand	Oberer „
3.	2.	22. „	1868	Ochse	Einige Stunden	„	—	Unterer „
4.	II.	24. September	1868	Ochse	„ „	„	Milzbrand	„ „
5.	3.	10. März	1869	Ochse	„ „	„	—	
6.	III.	24. März	1869	Rind, 2jähr. (neu eingestellt)	10 Stunden	„	Milzbrand	„ „
7.	4.	1. August	1869	Ochse	—	Genesung	—	Oberer „
8.	IV.	22. August	1869	Rind	12 Stunden	Schlachtung	Milzbrand	„ „
9.	V.	19. September	1870	Pferd, 10jähr.	36 „	Tod	Milzbrand	Unterer „
10.	5.	13. December	1870	Kuh	Einige Stunden	Genesung	—	
11.	VI.	13. Januar	1871	Kalb, $3^1/_2$mon.	„ „	Tod	Milzbrand	Oberer „
12.	VII.	16. März	1871	Rind (neu eingestellt)	24 Stunden	Genesung	—	Unterer „
13.	VIII.	17. „	1871	Kuh (neu eingestellt)	36 „	Tod	Milzbrand	Oberer „
14.	IX.	14. Februar	1872	Ochse, 2jähr. (neu eingestellt)	40 „	Schlachtung	Milzbrand	Unterer „
15.	X.	9. März	1872	Rind, $2^1/_2$jähr. (neu eingestellt)	36 „	Genesung	—	„ „

*) Die Fälle 1, 2, 3, 4 und 5 sind wie oben bemerkt von dem amtlichen Thierarzte nur nach mündlichen Berichten constatirt, die Fälle I bis X dagegen durch Autopsie festgestellt.

Betrachten wir diese merkwürdige Enzootie näher, so sehen wir im Verlaufe von kaum 4 Jahren 15 Fälle von Milzbrand, welche ausschliesslich in den beiden Ställen des Denzler vorkommen, während die übrigen Ställe des Ortes vollkommen verschont bleiben. Das zeitliche Auftreten der einzelnen Fälle geschieht in unregelmässigen Zwischenräumen, welche von mehreren Tagen bis zu 11 Monaten schwanken. In Bezug auf die Jahreszeit gruppiren sich die einzelnen Fälle folgendermassen:

Januar . . .	1
Februar . . .	1
März	5
Juni	1
August . . .	4
September . .	3
Summa	15

Die grosse Mehrheit dieser 15 Fälle kommt im März (5) und August (4) vor; rechnet man den März zur kalten Jahreszeit, den September zur warmen, so entfallen auf erstere 7, auf letztere 8 Milzbrandfälle. Der Einfluss der Jahreszeit erscheint im Ganzen = 0, eine Folgerung, die ich durch weitere Beobachtungen noch bestätigen kann.

Was die Thiergattung, das Alter und Geschlecht der von Milzbrand ergriffenen Thiere betrifft, so sehen wir, dass Thiere jeder Gattung (Rind, Pferd) mit Ausnahme von Schafen[1]) der Krankheit zum Opfer fallen, ferner dass ganz junge Thiere (Kälber) ebenso wie ältere (10jähriges Pferd) und ohne Unterschied des Geschlechts erkranken. Der Ernährungszustand dieser Thiere war wie bei allen Thieren des Denzler'schen Anwesens ein sehr guter; die erkrankten und gefallenen Stücke waren meist angemästete oder auch fette Thiere.

Ein Umstand, der bei der Aetiologie des Milzbrandes öfters erwähnt wird, tritt besonders hervor: es sind hauptsächlich

---

[1]) Eine Schafheerde, welche im Jahre 1871 in einem Stalle unter demselben Dach neben dem mehrfach erwähnten unteren Stalle gehalten wurde, verlor kein Stück an Milzbrand.

neu eingestellte Thiere, welche mit Vorliebe erkranken. In 5 Fällen ist dies in den amtlichen Protokollen ausdrücklich erwähnt und auf Grund mündlicher Informationen kann ich hinzufügen, dass überhaupt die grosse Mehrzahl der von Milzbrand befallenen Thiere aus solchen besteht, die ungefähr 5—8 Tage vor der Erkrankung neu eingekauft waren. Auf der anderen Seite bleiben allerdings auch einzelne der selbstgezüchteten Thiere nicht verschont, welche schon Jahre lang in denselben Ställen neben milzbrandigen Thieren gestanden waren.

Die Disposition zur Erkrankung ist demnach eine allgemeine und betrifft in erster Linie neu eingebrachte Thiere. Einzelne bleiben, ohne dass sich eine bestimmte Ursache nachweisen lässt, constant verschont. So wurde mir zum Beispiel von einer Kuh erzählt, welche wiederholt die unmittelbare Nachbarin milzbrandiger Thiere gewesen und bei Gelegenheit der Aderlässe auch Milzbrandblut aufgeleckt habe, ohne je eine Spur von Erkrankung zu zeigen.

Wir kommen nun zur Haltung und Fütterung der Thiere, Beschaffenheit der Nahrung und des Trinkwassers. Was den Bau und die Einrichtung der Ställe betrifft, so wurde schon oben hervorgehoben, dass beides im Ganzen zweckentsprechend sei. Diese Verhältnisse sind so beschaffen, wie man sie nur wünschen kann: die Ställe sind luftig, die Ventilation ausreichend, die Jauchebehälter finden sich allerdings wie hier zu Lande meist üblich, in einem der Ställe selbst (unterer Stall), eine Einrichtung die vom gesundheitlichen Standpunkte vollkommen zu verwerfen; jedoch konnte ich nicht bemerken, dass in Folge dessen ein auffallender übler Geruch im Stalle herrsche.

Die Haltung der Thiere ist in jeder Beziehung eine sorgfältige, namentlich was Reinlichkeit und Regelmässigkeit in der Fütterung betrifft. Ueber die Art der Fütterung konnte ich Folgendes in Erfahrung bringen: Dieselbe ist durchweg bei allen Thieren eine mastige und sehr kräftige, was schon aus der Art des Wirthschaftsbetriebes des Bauern Denzler resultirt. Derselbe betreibt — gleichsam als Specialität — das Mastgeschäft in einer höchst intensiven und rationellen Weise, indem er fortwährend jüngere angefleischte Thiere einkauft und in kürzester Zeit durch eine qualitativ und quantitativ reichliche Fütterung — durch sogenannte Schnellmast — auf die höchsten Stufen der Mastung bringt[1]). Unter den Futtermitteln, die hier in Anwendung kommen, spielen Mehl, Kleien, Mais neben unbeschränkten Heugaben die Hauptrolle.

Was die Beschaffenheit des Trinkwassers betrifft, so schicke ich voraus, dass in Werikon überhaupt kein gegrabener Brunnen existirt. Sämmtliches Wasser gelangt durch Röhrenleitung von einer ungefähr ¼ Stunde entfernten, etwas höher gelegenen Quelle in den Ort. Das Wasser selbst ist klar, wohlschmeckend, von gehörigem Aussehen, entspricht überhaupt allen Anforderungen, die man an ein gutes Trinkwasser stellen kann.

Ueber die Bodenbeschaffenheit der Umgebung von Werikon wurde schon oben bemerkt, dass dieselbe derart ist, dass dieselbe alle Eigenschaften einer Malariagegend besitzt. Der Boden ist vielfach sumpfig, fast allenthalben aus Torfgrund bestehend — wie auch im Glattthale fortwährend vereinzelte Fälle von Wechselfieber beim Menschen vorkommen. Im übrigen unterscheidet sich die Lage der beiden ergriffenen Ställe durchaus nicht von derjenigen der Denzler'schen Nachbarn, unter deren Viehstand niemals ein Fall von Milzbrand vorkam. Ueber den Stand des Grundwassers kann ich leider keine Angaben machen, da der Mangel gegrabener Brunnen vorläufig Messungen in dieser Richtung unmöglich machte.

Gehen wir weiter zu den Erscheinungen über, unter welchen der Milzbrand zu Werikon auftritt, so haben wir es im Allgemeinen mit solchen Fällen zu thun, die man als Milzbrandfieber bezeichnet, während einzelne Fälle sich mehr der apoplectischen Form des Anthrax nähern.

---

[1]) Während meines mehrfachen Aufenthaltes zu Werikon hatte ich Gelegenheit, die bewunderungswerthen Produkte der Mastungsmethode des Denzler selbst zu sehen.

Der Verlauf war meist so, dass die vorher vollkommen gesunden Thiere mehr oder weniger plötzlich verminderte oder aufgehobene Fresslust zeigen; bei Milchkühen bemerkt man einen Nachlass oder Aufhören der Milchsecretion, der Durst ist meist vermehrt, die Thiere fangen an zu zittern, zeigen eigenthümlich zuckende Bewegungen mit den Extremitäten, die häufig in förmliche Convulsionen und Krämpfe übergehen. Neben einer mehr oder weniger ausgesprochenen allgemeinen Schwäche lassen die Thiere als weitere fieberhafte Symptome vermehrte Herzthätigkeit, Pulsbeschleunigung, erhöhte Temperatur (bis auf 41,7° C.) beobachten. Manchmal tritt eine scheinbare Besserung mit Nachlass aller Erscheinungen auf, man beobachtet förmliche Remissionen und auch Intermissionen. Die Thiere fangen wieder an gehörig zu fressen, zeigen Wiederkauen, bis plötzlich wieder ein Rückfall und meist rasch das tödtliche Ende auftritt. In lethalen Fällen, welche manchmal überaus rasch auftreten, wird die Respiration mühsam und keuchend (Dyspnoë) die Convulsionen steigern sich, die Thiere sind so schwach, dass sie sich nicht mehr aufrecht halten können, der Hinterleib wird aufgetrieben, manchmal tritt Opisthotonus ein, blutiger Ausfluss aus Nase und After oder heftige Diarrhöen, Puls und Herzschlag werden unfühlbar, die Extremitäten kalt, die Temperatur sinkt häufig unter die normale Höhe und dann ist die Prognose absolut lethal. Der Tod tritt entweder schon nach einigen Stunden, meist nach 24—36—40 Stunden ein. In günstig verlaufenden Fällen erfolgt ebenso rasch die Genesung und man bemerkt an solchen Thieren keine Spur von Nachkrankheiten. Ausser dem positiven Merkmal des höchst acuten Verlaufs ist charakteristisch das constante Fehlen von Hautkarbunkeln. Ueber das eigentliche Mortalitätsverhältniss ein richtiges Urtheil zu gewinnen., ist einigermassen schwierig, da unter 15 Fällen der natürliche Verlauf der Krankheit 8 Mal durch die Schlachtung unterbrochen wurde. Das lethale Ende auf natürlichem Wege trat nur in drei Fällen ein, Genesung 4 Mal. Der gefährliche Charakter der Seuche ist jedoch hinlänglich dadurch charakterisirt, dass die Schlachtung wenigstens in der Mehrzahl der Fälle erst dann in Scene gesetzt wurde, wenn die Prognose absolut ungünstig und der Tod doch in der kürzesten Zeit eingetreten wäre. Es wird dies erwiesen durch die Sectionsergebnisse, indem jedesmal, wenn überhaupt von sachverständiger Seite eine Autopsie vorgenommen wurde, das Vorhandensein von Anthrax zweifellos constatirt wurde.

Die Sectionen, die unter 11 theils spontan an Anthrax gestorbenen theils getödteten Thieren 8 Mal vorgenommen werden konnten, ergaben im Wesentlichen folgende Veränderungen: Das Blut dunkel, dickflüssig und theerartig, ohne Gerinnung — ebenso wie schon das Aderlassblut im Leben. Acuter, meist sehr bedeutender Milztumor. Blutig theerartiger Darminhalt, serös - hämorrhagische Infiltration der Darmwandung. Blutungen im Herzmuskel, in den Lungen, sulzig-blutige Infiltrationen am Netz und Gekröse und in der Umgebung der Nieren, acuter Hydrops ascites hämorrhagicus, Blutheerde in den Eierstöcken und Blutungen in der Höhle des Uterus.

Bei 13 Fällen konnte aus den Berichten ermittelt werden, in welchem der beiden Denzler'schen Ställe die Milzbrandfälle vorkamen: davon treffen 8 auf den unteren, 5 auf den oberen Stall. Während im oberen Stalle die Zwischenräume zwischen den einzelnen Erkrankungen 3 Wochen, 2 Monate, 1 Jahr und einmal 1½ Jahr betragen, folgen im unteren Stall die einzelnen Fälle in Intervallen von 2 Tagen, 3 Wochen, 2, 3, 6, 11 Monaten auf einander.

Nimmt man die Fälle in beiden Ställen zusammen, so war die günstigste Periode für den Viehstand die Zeit vom 22. August 1869 bis 19. September 1870, also ein Zeitraum von nahezu 13 Monaten, in welchem überhaupt kein Milzbrand vorkam.

Wir kommen nun zur Beantwortung der ebenso wichtigen als schwierigen Frage: Welches sind die Ursachen dieser hartnäckigen Enzootie? Bevor ich auf eine Untersuchung der ursächlichen Verhältnisse eintrete, möchte ich in kurzen Zügen diejenigen Massregeln erwähnen, welche man gegen diese gefährliche Seuche in Anwendung brachte. Ein Ueberblick über dieselben wird vielleicht einen Wink geben, in welcher Richtung man an die Beantwortung der obigen Frage gehen kann.

Die polizeilichen Massregeln, welche bei den jeweiligen Erkrankungs- und Todesfällen in Ausführung gebracht wurden, waren in der Hauptsache folgende:

Bei den ersten Fällen wurde der Genuss des Fleisches der geschlachteten Thiere unter gewissen Vorsichtsmassregeln (vorhergehendes Einsalzen des Fleisches) gestattet, später nicht mehr, nachdem nicht durch den Genuss, sondern bei der Zubereitung solchen Fleisches die Infection einer Frau stattgefunden hatte, welche nach 8 Tagen unter charakteristischen Erscheinungen an Milzbrand starb. — Der Stand der betreffenden milzbrandigen Thiere wurde sorgfältig desinficirt, der Stall einige Zeit gut durchgelüftet; die hauptsächlich krankhaft veränderten Eingeweide wurden vergraben. — Nachdem Herr Bezirksthierarzt Egli schon in seinem Berichte über den Fall II. (d. d. 25. September 1868) darauf hingewiesen, dass es sehr schwierig sei, auszumitteln, ob die Ursachen rein in Ansteckung oder in der Beschaffenheit des Stallbodens, oder im Futter oder Wasser liegen, suchte er die Ursache hauptsächlich in den localen Stallverhältnissen, namentlich da im Jahre 1854 der Milzbrand im unteren Stalle unter einer Schafheerde zahlreiche Opfer gefordert hatte. Ausser der Eingrabung des Cadavers, Desinfection der mit Blut beschmutzten Stellen, Aenderung in der Fütterung der Thiere wurde demgemäss die Aushebung des Stallbodens angeordnet. Diese Massregel wurde jedoch erst ½ Jahr später, nachdem Fall III. vorgekommen, im Frühjahre 1869 in Ausführung gebracht, der Boden des unteren Stalles mehrere Fuss tief ausgegraben und neu angelegt. Ebenso wurde um diese Zeit der obere Stall zum Theil umgebaut. — Bei den folgenden Fällen wurden die Cadaver immer eingegraben, die Desinfection der betreffenden Stände vorgenommen. — Nachdem das Ausgraben des Stallbodens und der Umbau des Stalles erfolglos geblieben, richtete man den Verdacht auf das Futter, welches von solchen Stellen herrührte, wo Cadaver milzbrandiger Thiere eingegraben waren.

Man sorgte dafür, dass das Futter von solchen Plätzen nicht mehr eingesammelt und verwendet werde, was ebenfalls ohne Erfolg sich erwies. So war es besonders eine Kuh (VIII.), welche angeblich von solchem Futter gefressen hatte und dann an Anthrax zu Grunde ging; gleichzeitig hatten jedoch circa 100 Schafe von demselben Futter ohne Schaden gefressen. — Ebenso hatte das an Milzbrand gefallene Pferd (V.) nachweisbar 3 Wochen vor seinem Tode Gras gefressen, welches auf oder in der Nähe der Hügel mit verscharrten Cadavern milzbrandiger Thiere gewachsen war.

Nach diesem erfolglosen Kampfe gegen die verderbliche Seuche kann man es wenigstens theilweise begreiflich finden, dass der sonst intelligente Besitzer der heimgesuchten Ställe von der Idee erfasst wurde, dass die Krankheit seinen Thieren von „böser Hand“ angethan werde, und dass dem entsprechend auch die im Volke gebräuchlichen Hülfen gegen solche Einwirkung in Anspruch genommen wurden.

Angesichts der Thatsache, dass in den übrigen Ställen zu Werikon niemals ein Fall von Milzbrand sich entwickelte, wird man zu dem Schlusse geführt, dass der Stallenzootie in dem Denzler'schen Anwesen höchst localisirte Ursachen zu Grunde liegen müssen, d. h. solche, welche nur in den beiden Ställen durch Jahre hindurch in Wirksamkeit bleiben. — Wir haben die Einrichtung der Ställe als eine zweckmässige kennen gelernt; der Umbau des einen Stalles ebenso die Ausgrabung des Bodens im anderen Stalle setzten der Seuche kein Ziel; das Trinkwasser, welches den Thieren gereicht wird, ist genau dasselbe, wie es die Thiere der von Anthrax nicht heimgesuchten Ställe geniessen; die Fütterung ist allerdings, wie wir gesehen, eine sehr reichliche, doch fehlt einstweilen jede Berechtigung, darin die Ursache des Milzbrandes zu suchen. Ob eine solche Fütterung die Disposition zum Milzbrande begünstige, mag dahingestellt bleiben. Weiterhin kann von einer Uebertragung des Giftes durch Fliegen im Sinne Davaine's oder Raimberts gar nicht die Rede sein, da die Mehrzahl sämmtlicher Fälle zu einer Jahreszeit vorkommen, in der man Fliegen vergeblich suchen würde.

Bei genauer Betrachtung bleiben nur zwei Möglichkeiten übrig, welche diese merkwürdige Enzootie erklären können: einmal die Fütterung mit Heu oder Grünfutter von den Aasplätzen der zuerst gefallenen Thiere oder die verschleppte Ansteckung durch mangelhafte Beseitigung und Desinfection der Theile der milzbrandigen Thiere. Was gegen die erstere Annahme spricht, wurde theilweise schon oben erwähnt, nämlich, dass andere Thiere von demselben Futter verzehrten, ohne zu erkranken und ich möchte dem noch beifügen, dass verbürgte Fälle von derartiger Fortpflanzung des Milzbrandes [1]) meines Wissens nicht existiren. — Mehr Nachdruck möchte ich dagegen auf die zweite oben angedeutete Möglichkeit legen, nämlich auf die verschleppte Ansteckung. Die Gründe, welche mich zu dieser Ansicht bestimmen, lassen sich ungefähr so formuliren: Bei der allgemein anerkannten Contagiosität und Tenacität des Milzbrandgiftes — getrocknetes Milzbrandblut bleibt nach Davaine 22 Monate lang contagiös — können die geringsten Spuren von Blut oder sonstigen Theilen milzbrandiger Thiere noch nach langer Zeit die Krankheit von Neuem erzeugen und dies wird namentlich da der Fall sein, wo in den Ställen der übliche Aderlass vorgenommen wird, ferner wo bei der Schlachbtung und Zerlegung des Cadavers milzbrandiger Thiere ganze Räume, zahlreiche Geräthschaften und menschliche Kleidung mit Blut besudelt werden. Alles dies war in Werikon der Fall, wie ich mich persönlich überzeugte: Die Schlachtung wurde in einem unmittelbar an den unteren Stall angrenzenden Gebäude vorgenommen und dabei besonders bei der nachherigen Desinfection von Seite des Besitzers keine besondere Sorgfalt gehandhabt. Dieselben Men-

---

[1]) Die experimentelle Prüfung dieser Frage hoffe ich im Laufe dieses Sommers vornehmen zu können und zwar durch Fütterung von Futter, welches von solchen Aasplätzen milzbrandiger Thiere stammt.

schen, die bei der Schlachtung thätig waren, verkehrten dann wieder mit den gesunden Thieren und wohl nur auf diese Weise lässt sich erklären, dass immer abwechselnd in beiden Ställen die Anthraxfälle auftraten. Wenn die betreffenden Menschen dazu noch die ansteckende und bösartige Natur der Krankeit nicht anerkennen wollen, sondern das Entstehen der Krankheit eher übernatürlichen geheimnissvollen Einflüssen zuschreiben, so wird selbstverständlich die Gefahr der Fortpflanzung und Verschleppung des Giftes dadurch wesentlich erhöht. [1])

Wenn diese Annahme, zu der man übrigens schon auf dem Wege der Exclusion gelangen muss, die richtige ist, so ist die Geschichte der Anthrax-Enzootie zu Werikon ein kräftiger Beweis für die Tenacität des Milzbrand-Contagiums, welches nach Intervallen von einjähriger Dauer seine Wirksamkeit nicht einbüsste.

Erwähnenswerth dürfte noch sein, dass Ansteckungen anderer Hausthiere: von Schweinen, Hunden, Katzen, Geflügel niemals bei dieser Enzootie beobachtet wurden. Dagegen kam ausser dem oben flüchtig erwähnten Falle von lethaler Ansteckung eines Menschen noch eine weitere Infection eines Menschen vor, die aber mit Genesung des betreffenden Individuums endigte. Auf beide Fälle werde ich zurückkommen.

Die Entstehung des ersten Falles von Anthrax in den Denzler'schen Ställen zu Werikon würde demnach so zu deuten sein, dass er, so lange keine contagiöse Entstehung nachzuzuweisen, wahrscheinlich durch territoriale Verhältnisse entstanden sei, die ja im Allgemeinen in dieser Gegend der Entwicklung des Anthrax günstig sind. —

---

[1]) Da der Schaden, welcher H. Denzler aus seinen Verlusten erwuchs, durch eine locale auf Gegenseitigkeit beruhende Viehassekuranz gedeckt wurde, so hatten die übrigen Viehbesitzer von Werikon ein grosses Interesse an der Verwerthung sämmtlicher Theile der gefallenen Thiere und wirkten nicht ohne Erfolg in diesem Sinne auf Denzler ein.

Sporadische Fälle von Milzbrand sind ausser der Enzootie zu Werikon im Bezirke Uster sehr selten. Es dürfte nicht unpassend erscheinen, die Mittheilung der beiden vereinzelten Fälle hier anzuschliessen. Der erste ist einem amtlichen Berichte des Hrn. Bezirksthierarztes Egli entnommen und wurde zu Niederuster — $^1/_2$ Stunde südlich von Werikon gelegen — im Jahre 1869 beobachtet. Den letzteren, welcher in Bermatschwyl — einem östlich $^3/_4$ Stunden von Werikon entfernten und höher gelegenem Orte — im Februar 1872 vorkam, konnte ich durch die freundliche Vermittlung des H. Bezirksthierarztes Egli zu Uster selbst untersuchen und gleichzeitig zu Impfversuchen verwenden.

XI. 10. Mai 1869. Kuh zu Niederuster.

Eine dem Bauern K. gehörige vorher gesunde Kuh zeigte am Abend des 10. Mai plötzlich aufgehobene Fresslust. Alsbald machte sich eine bedeutende Schwäche bemerkbar; das Thier war nicht mehr im Stande, aufrecht zu stehen, der Hinterleib aufgetrieben, die Extremitäten kalt; Herzschlag und Puls sehr schwach, nicht beschleunigt, die Athmung normal. — Der Zustand des Thieres, welches Abends 11 Uhr noch von H. Egli untersucht wurde, verschlimmerte sich derart, dass der Besitzer noch in derselben Nacht nach kaum 10stündiger Krankheitsdauer zur Schlachtung schritt.

Die Section ergab als wesentliche Veränderungen: Ansammlung serös-blutiger Flüssigkeit in Brust- und Bauchhöhle. Die Milz mässig vergrössert, blutreich und mürbe. Die Wandung des Darmkanals dunkel blauroth gefärbt, dünner blutiger Darminhalt von äusserst üblem Geruch. Am Netz und der unteren Bauchwandung gelbliche blutig-sulzige Infiltrationen. Die übrigen Organe ohne besondere Veränderung. — Das in der Thierarzneischule zu Zürich mikroskopisch untersuchte Blut enthielt nur in der Milz vereinzelte stäbchenförmige Körper und wurde im Zusammenhalte mit dem übrigen Sectionsergebnisse die Diagnose auf Milzbrand ausgesprochen.

Der zweite Fall wurde zu Bermatschwyl 10 Tage nach Fall IX. beobachtet und stellt eine Form von apoplectischem Milzbrand dar.

XII. 26. Februar 1872. Rind, 2jähr. Bermatschwyl.

Apoplectischer Anthrax. Acuter Milztumor, theerartige Beschaffenheit des Blutes, Blutungen im Herzmuskel, hämorrhagische Enteritis, acuter serös-hämorrhagischer Ascites, stäbchenförmige Körper im Blute.

Ein ungefähr 2jähriges trächtiges Rind, welches am Abend des 25. Februar noch gesund war und wie gewöhnlich gefressen hatte, wurde am 26. Febr. Morgens um 3 Uhr todt im Stalle gefunden.

Von den inneren Organen des am Morgen des 26. Februar secirten Thieres wurden mir die Milz, ein Stück Herz, die Eierstöcke und ein Theil des Dünndarms von H. Egli so rasch überbracht, dass ich dieselben 12 Stunden nach dem Tode untersuchen konnte. Indem ich das Resultat meiner Untersuchung nach den mündlichen Mittheilungen des H. Egli ergänze, gestaltet sich das Sectionsbild folgendermassen:

In den sonst normalen Lungen kleine wenig zahlreiche Blutungen. In der Herzmusculatur kleine Blutungen in mässiger Zahl; an beiden Herzohren ausgedehnte Blutunterlaufungen und kleinere punktförmige Blutheerde. — In der Bauchhöhle ein bedeutendes blutig-seröses Transsudat. — Die Schleimhaut des Dünndarmes ist bedeutend gewulstet, saftig glänzend und in hohem Grade ödematös, zahlreiche kleine Blutungen, stellenweise central erodirt bedecken die Schleimhaut. — Die Milz mehrfach vergrössert, breiig weich, dunkel schwarzroth. — Die Leber ohne erhebliche Veränderung. — In beiden Ovarien mehrere bis haselnussgrosse dunkelbraunrothe frische Blutheerde. Bei der mikroskopischen Untersuchung des theerartigen Blutes, sowie verschiedener Organe (Milz, Darm) finden sich allenthalben die charakteristischen stäbchenförmigen Körper in grösster Zahl.

Ueber die Entstehung dieser beiden Fälle von Milzbrand bin ich nicht im Stande nähere Angaben zu machen. Es sei nur bemerkt, dass es mir nicht gelang, einen directen oder indirecten Zusammenhang dieser Fälle mit der Anthraxenzootie zu Werikon nachzuweisen. — Die Möglichkeit einer Ansteckung von den Denzler'schen Ställen her ist jedoch bei dem Umstande, dass hinter dem Rücken der polizeilichen Behörde wahrscheinlich das Fleisch der milzbrandigen Thiere in die umliegenden Ortschaften verkauft und so das Gift verschleppt wurde, sehr naheliegend. Auch kam 6 Wochen vor dem ersten Falle zu Niederuster ein Milzbrandfall (III.) in den Denzler'schen Ställen vor und ebenso wie oben erwähnt wurde 10 Tage vor der Erkrankung zu Bermatschwyl der Fall IX. in dem Denzler'schen Anwesen.

III.

Experimentelles über die stäbchenförmigen Körperchen im Blute und ihre Beziehungen zum Milzbrande.

Am 16. Februar 1872 wurde mir von Herrn Bezirksthierarzt Egli zu Uster ein Stück Milz übersandt, welche von einem milzbrandverdächtigen Ochsen aus dem Denzler'schen Stalle zu Werikon (IX.) herrührte. Der betreffende Milzabschnitt, welcher offenbar von einer stark vergrösserten Milz stammte und durch sein Aussehen allerdings den Verdacht auf Milzbrand erweckte, war unter luftdichtem Verschlusse nach Zürich gelangt, bei der niederen äusseren Temperatur vollkommen frisch erhalten und ohne irgend eine Spur beginnender Zersetzung. Die am 16. Febr. von H. Director Zangger sowie am 17. Februar Morgens von mir wiederholt vorgenommene mikroskopische Untersuchung des Blutes aus dem übersandten Milzstücke hatte insofern ein negatives Resultat, als sich dasselbe frei von stäbchenförmigen Körpern erwies und ausser einer auffallenden Vermehrung der farblosen Blutkörper einen ziemlichen Reichthum an kleinen glänzenden punktförmigen Körpern zeigte, auf die ich jedoch kein besonderes Gewicht legte.

Da es aus verschiedenen Gründen sehr wünschenswerth erschien namentlich mit Rücksicht auf sanitäts- und veterinärpolizeiliche Massregeln, die Natur der hier in Frage kommenden Krankheit genau zu constatiren, so wurden mit dem Blute aus der verdächtigen Milz Impfversuche angestellt, deren Resultate gleichzeitig für die Lehre von den stäbchenförmigen Körpern in ein oder der anderen Richtung Aufschluss geben sollten. Es wurden also am 17. Februar Morgens 11 Uhr 2 gesunde kräftige Kaninchen mit je 4 Tropfen des Milzblutes vermittelst der Pravaz'schen Spritze subcutan geimpft. Die Resultate der an demselben Tage Nachmittags zu Werikon vorgenommenen Section sind oben (Fall IX.) mitgetheilt; sie liessen es trotz des Mangels der stäbchenförmigen Körperchen im Blute ausser Zweifel erscheinen, dass man es hier mit einem ausgesprochenen Falle von Milzbrand zu thun habe.

Vollkommen sicher gestellt wurde diese Diagnose durch die Resultate der oben angedeuteten und weiterer Impfungen, zu deren Erzählung und Besprechung ich mich nun wende.

XIII. Impfung I. 17. Februar 1872.

Kaninchen. Impfmilzbrand; stäbchenförmige Körperchen im Blute; das Impfblut ohne stäbchenförmige Körper. Tod nach 40 Stunden.

Das Thier wurde am 17. Februar Morgens 11 Uhr mit 4 Tropfen bacterienfreiem Milzblut von einem wegen Milzbrandverdacht geschlachteten Ochsen (Fall IX.) an der rechten Seitenbrust subcutan geimpft. Das Thier war an dem betreffenden Tage anscheinend munter, am folgenden Tage etwas abgestumpft und wurde am 19. Februar Morgens noch warm todt im Stalle gefunden. Der Tod war ungefähr 40 Stunden nach der Impfung eingetreten.

Die alsbald vorgenommene Autopsie ergab an der Impfstelle eine halb handtellergrosse, schmutzig braunrothe Färbung und serös-blutige Infiltration des Unterhautzellgewebes mit einzelnen Gasbläschen an diesem Orte. Die inneren Organe: Lunge, Herz, Leber, Nieren blut- und saftreich, die Milz um das Doppelte vergrössert. Der Darmkanal mit dünnem gelblichweissen Inhalte gefüllt, die Venen allenthalben mit dunklem Blute gefüllt. Im Blute, in der Milz — überaus zahlreiche charakteristische stäbchenförmige Körperchen; die parenchymatösen Organe (Leber, Nieren, Herz) bei der mikroskopischen Untersuchung in trüber Schwellung und körnigem Zerfalle.

XIV. Impfung 2. 17. Februar 1872.

Kaninchen. Impfmilzbrand. Stäbchenförmige Körper im Blute (im Leben nachgewiesen); das Impfblut (Fall IX.) ohne stäbchenförmige Körperchen. Tod nach 52 Stunden.

Das Thier wurde gleichzeitig mit dem vorhergehenden Falle und in derselben Weise subcutan geimpft. Die Erscheinungen im Leben ähnlich wie bei Impfung 1. Am 19. Februar Nachmittags 2 Uhr bemerkte ich heftige Convulsionen des ganzen Körpers; die mikroskopische Untersuchung des vom lebenden Thiere aus den Ohren entnommenen Blutes zeigte zahllose stäbchenförmige Körperchen. Der Tod erfolgte eine Stunde später, 52 Stunden nach der Impfung.

Die unmittelbar nach dem Tode an dem noch warmen Cadaver vorgenommene Section ergab denselben Befund wie bei Impfung 1. Das aus verschiedenen inneren Organen mikroskopisch untersuchte Blut zeigte die charakteristischen stäbchenförmigen Körper in grösster Zahl.

Mit dem noch warmen Blute dieses Kaninchens (Impfung 2.) wurde sogleich ein weiteres Kaninchen in derselben Weise geimpft und ebenso ein Ziegenbock.

XV. Impfung 3. 19. Februar 1872.

Kaninchen. Im Blute keine Bacterien; im Impfblute zahlreiche Bacterien. Tod nach 19 Stunden.

Das kräftige Thier wurde Nachmittags 3 Uhr mit 0,3 grmms frischen Blutes von Impfung 2 (XIV.) subcutan an der Seitenbrustwandung geimpft.

Im Leben ähnliche Erscheinungen wie bei Fall XIII. und XIV. Tod am 20. Februar Morgens 10 Uhr, 19 Stunden nach der Impfung. Die sogleich vorgenommene Section ergab an der Impfstelle und in den inneren Organen dieselben Veränderungen wie in den vorhergehenden Fällen, im Darmkanale gelblich-sulziger Inhalt in grosser Menge. Bei der mikroskopischen Untersuchung des Blutes finden sich keine Bacterien.

XVI. Impfung 4. 20. Februar 1872.

Ziegenbock. Impfmilzbrand, Bacterien im Blute, Milztumor. Tod nach $3^1/_2$ Tagen.

Das kräftig gebaute Thier, an welchem 6 Wochen vorher ein Fütterungsversuch mit käsiger Masse aus einer tuberculösen Rindslunge angestellt war, wurde am 20. Februar Nachmittags 4 Uhr mit dem bacterienhaltigem Blute eines an Impfmilzbrand gestorbenen Kaninchens (XIV.) derart geimpft, dass 0,5 grmms. in der Lendengegend subcutan injicirt wurden.

Das Thier zeigte in den nächsten Tagen keine krankhaften Erscheinungen, war munter, von gutem Appetite und in allen Functionen anscheinend normal. Der Tod erfolgte nach 87 Stunden am 24. Februar Morgens 7 Uhr. Das $1^1/_2$ Stunden nach dem Tode aus der Drosselvene des noch warmen Cadavers entnommene Blut zeigte bei der mikroskopischen Untersuchung die charakteristischen Milzbrandbacterien in grösster Menge. Die 3 Stunden nach dem Tode Morgens 10 Uhr vorgenommene Section ergab folgenden Befund. [1])

Abgemagertes Thier. Die grossen Venen des Halses und der Brust strotzend gefüllt mit dunkelgefärbtem ziemlich dickflüssigem Blute. Zunge, Maul- und Rachenhöhle normal. Das

---

[1]) Wie oben erwähnt, hatte dieser Ziegenbock gleichzeitig zu einem Fütterungsversuch mit Rindstuberculose gedient, welcher von positivem Erfolge begleitet war, indem das Thier eine klassische Miliartuberculose des Bauchfells — namentlich des grossen Netzes und der Lungen zeigte. Die darauf bezüglichen Veränderungen sind in dem oben mitgetheilten Sectionsberichte nicht berührt und sollen an einem anderen Orte näher beschrieben werden. Es bedarf keiner weiteren Versicherung, dass beide Versuche sich in keiner Richtung störten.

Bindegewebe in der Umgebung des Kehlkopfes zeigt eine mässige serös-sulzig-blutige Infiltration, die sich längs des Schlundes und der Luftröhre bis in den Thorax erstreckt und im Bindegewebe der Lungenwurzel stärker hervortritt. Die oberen Halslymphdrüsen sind ebenfalls serös-blutig infiltrirt und geschwellt. Das Lungengewebe blutarm, lufthaltig; die Bronchien mit reichlicher, weisser, feinschaumiger Flüssigkeit gefüllt.

Das Herz ziemlich klein, die Musculatur schlaff, von hellbraunrother Farbe. In den Herzhöhlen ziemliche Mengen locker geronnenen Blutes; das Endocardium, die Klappen, das Epicardium normal.

An der Oberfläche der mit lockeren bindegewebigen Wucherungen bedeckten Leber finden sich blutig-sulzige Infiltrationen, das Lebergewebe schlaff, mässig blut- und saftreich, von livid-dunkelbraunrother Farbe. Die Gallenblase stark gefüllt mit grünlich gelber, dünnflüssiger Galle. Die Lymphdrüsen an der Leberpforte etwas geschwellt, dunkel und blutreich.

Die Milz um das Doppelte vergrössert, die Kapsel stark gespannt, das Gewebe auf dem Durchschnitt von dunkelbraunröthlicher Farbe und halbweicher, nahezu breiiger Consistenz.

Die Nieren klein; das weitmaschige Bindegewebe der fettarmen Kapsel sulzig blutig infiltrirt, ebenso das übrige retroperitoneale Bindegewebe im kleinen Becken und dessen Eingang. Die Nieren im Uebrigen mässig blutreich und auf der Schnittfläche getrübt.

In den 3 ersten Mägen ziemlich bedeutende Mengen dickflüssigen Futterbreies; im Labmagen mehr dünner Inhalt, die Schleimhaut des letzteren sehr blass. Im Zwölffingerdarm gallig gefärbter Inhalt, der im übrigen Dünndarme dünnflüssig, im Dickdarm dickflüssig aber nirgends bluthaltig ist. Die Schleimhaut allenthalben leicht geröthet und etwas geschwellt.

Die mikroskopische Untersuchung ergab im Blute, welches von verschiedenen Stellen des Körpers entnommen wurde, überall äusserst zahlreiche Milzbrandbacterien, am zahlreichsten in der Milz.

Nachdem durch die angeführten positiven Impfversuche die

Diagnose auf die Anthraxnatur des zur Impfung verwendeten spontanen Falles (IX.) bei dem Ochsen in Werikon sicher gestellt war, drängte sich zunächst die Frage auf: Welche Schlüsse lassen sich weiter aus diesen Versuchen ziehen, in welcher Beziehung stehen die stäbchenförmigen Körper zum Milzbrande?

Ein consequenter Anhänger der Lehre Davaine's, wornach die Bacterien (Bacteridien Dav.) das Wesen des Milzbrandes, mit anderen Worten das Milzbrandgift darstellen, würde bei genauer Betrachtung der erzählten Impfresultate sicher in einige Verlegenheit kommen, wenn er die aufgeworfenen Fragen beantworten sollte. Es würde kaum angehen, Angesichts der zweiffellosen Natur der erzählten Fälle die spontane Erkrankung (IX.) beim Ochsen sowie die Impfungen in Bezug auf ihre Anthraxnatur in Frage zu stellen. Die Thatsache steht fest, dass man unter Umständen mit Milzbrandblut ohne stäbchenförmige Körper durch Impfung wahren Milzbrand mit solchen Körperchen erzeugen kann. Aehnliche Erfahrungen wurden — wenn auch sehr vereinzelt — schon von früheren Beobachtern gemacht und bildeten vielleicht das gewichtigste Argument, welches man gegen die Theorie Davaine's geltend machen konnte. So erzählt Brauell[1]), dass er mit Milzbrandblut vom Pferde ohne stäbchenförmige Körper bei 2 Fohlen Milzbrand durch Impfung erzeugte, wobei das Blut der Impfthiere solche Körperchen enthielt. Ebenso Bouley[2]), welcher mit Blut von milzbrandigen Thieren ohne Bacterien Milzbrand zu erzeugen im Stande war. Brauell, einer der nüchternsten und zuverlässigsten Beobachter, welchem überdies eine grosse Reihe von Impfungen zur Seite stund, schloss geradezu aus den erwähnten Versuchen, dass die stäbchenförmigen Körper im Blute milzbrandiger Thiere weder der Ansteckungsstoff selbst, noch die nothwendigen Träger desselben seien.

Im Hinblicke auf frühere Erfahrungen, die ich durch Blutuntersuchungen an lebenden Thieren — Pferden — mit spon-

---

[1]) Virchow's Archiv. B. XXXVI. p. 463.

[2]) Récueil de méd. vét. Vol. XLVI. p. 41. 1869.

tanem Anthrax gewonnen hatte, glaubte ich die Deutung dieses eigenthümlichen Verhältnisses in einer anderen Richtung suchen zu müssen. Bei Mittheilung meiner erzählten Impfversuche sprach ich nämlich die Meinung aus (vergl. Vortrag über Milzbrand im Verein jüngerer Aerzte zu Zürich; Sitzung am 24. Februar 1872), es müssten in derartigem Impfblute ohne stäbchenförmige Körper immer schon die Keime vorhanden sein, welche in den geimpften Thieren zur Bildung stäbchenförmiger Körperchen führen. Hätte man der Krankheit des spontan von Milzbrand befallenen Ochsen (IX.) ihren naturgemässen Verlauf gelassen und das Thier nicht geschlachtet, so wären damals schon im Blute die stäbchenförmigen Körper wahrscheinlich zur Entwicklung gekommen. Das Impfblut in den beiden von Brauell angestellten Versuchen, auf die er zur Bekämpfung der Lehre Davaine's so grosses Gewicht legte und wie es schien mit Recht, stammte ebenfalls aus einem ungefähr 24 Stunden vor dem Tode des anthrakösen Pferdes geöffneten Karbunkel, auch dort hatte die Krankheit ihr natürliches Ende nicht erreicht, was mit meiner oben gegebenen Erklärung vollkommen in Einklang zu bringen ist.

Im Uebrigen möchte ich hier darauf aufmerksam machen, dass alle Angaben über das Fehlen stäbchenförmiger Körper im Blute nicht vorsichtig genug gemacht und aufgenommen werden können. Bei der Kleinheit dieser Gebilde kann es selbst einem umsichtigen und erfahrenen Mikroskopiker begegnen, dass er vereinzelte Stäbchen übersieht und doch genügt aller Wahrscheinlichkeit nach eine minimale Menge von Keimen oder Stäbchen, um wieder Millionen zu erzeugen. So ist es z. B. bei dickflüssiger theerartiger Beschaffenheit des Blutes, wenn die Blutkörperchen innig aneinanderkleben, in der Regel ziemlich schwierig ohne Wasserzusatz die Bacterien, auch wenn sie in grösserer Zahl vorhanden sind, ohne Weiteres sicher zu erkennen. Auf weitere Einwände, die man in dieser Beziehung noch machen kann, werde ich weiter unten zu sprechen kommen.

Um in der Frage von den stäbchenförmigen Körperchen

ein sicheres Urtheil zu gewinnen, ist es ein nicht zu unterschätzender Vortheil, wenn man über ein grösseres Material zu verfügen hat. Ehe ich daher zur Mittheilung weiterer Impfversuche übergehe, werde ich zuerst meine an einer grösseren Reihe von Anthraxfällen gemachten Erfahrungen referiren.

Die betreffenden Fälle, deren wesentliche pathologisch-anatomischen Veränderungen ich nach meinem Tagebuche im Auszug mittheile, wurden zum grössten Theile im Jahre 1868/69 in der Klinik und der pathologisch-zootomischen Anstalt des k. k. Thierarzneiinstitutes zu Wien beobachtet.[1])

XVII. 23. November 1868. Milzbrand beim Pferd.

Acuter Milztumor; Blutungen im Pericardium, den Pleurablättern und im Netz. Bedeutende gelblich-sulzige Infiltration (acutes Oedem) des retroperitonealen Bindegewebes und der bindegewebigen Nierenkapsel.

Keine Untersuchung auf stäbchenförmige Körperchen im Blute.

XVIII. 5. Januar 1869. Milzbrand beim Pferd.

Acuter Milztumor. Ausgebreitete serös-hämorrhagische Infiltration (Karbunkel) des Unterhautzellgewebes und intramusculären Bindegewebes im Kehlgang und im oberen Dritttheil des Halses. Hochgradige Hyperämie der Lungen. Parenchymatöse Schwellung und Trübung der Leber und Nieren. Hämorrhagischer Hydrops ascites. Dunkles dickflüssiges Blut mit einzelnen lockeren Gerinnungen im Herzen.

Stäbchenförmige Körper im Blute des lebenden Thieres, ebenso nach dem Tode.

---

[1]) Mit Vergnügen benütze ich die Gelegenheit, den Herren Professoren und Docenten jenes Institutes, insbesondere den Herren Director Prof. Dr. Röll und Prof. Dr. Bruckmüller für die nicht genug anzuerkennende Liberalität, mit der sie mir das Material der Schule zur Verfügung stellten, an diesem Orte meinen wärmsten Dank abzustatten.

XIX. 30. Januar 1869. Milzbrand beim Pferde.

Tod nach eintägiger Krankheitsdauer. Acuter Milztumor. Oedem der Darmwandung; grosser Karbunkel im Colon mit beginnender Verschorfung. Parenchymatöse Schwellung und Trübung der inneren Organe.

Keine Untersuchung auf stäbchenförmige Körper.

XX. 5. Februar 1869. Milzbrand beim Pferde.

Tod nach eintägiger Krankheitsdauer. Acuter sehr bedeutender Milztumor. Acutes trüb-gelblich-sulziges Oedem des Peritoneum und des subperitonealen Bindegewebs, namentlich der Nierenkapsel und der Darmwandung. Acuter Hydrops sämmtlicher seröser Säcke. Ecchymosen des Endo- und Epicards, der Nierenkapsel, des peritonealen und mesenterialen Bindegewebes, der Darmschleimhaut. Serös-hämorrhagische Infiltration der Gekrösdrüsen. Mehrere Karbunkel im Dickdarm. Das Blut dickflüssig, theerartig. Im Aderlassblute, eine Stunde vor dem Tode untersucht, zahlreiche stäbchenförmige Körper.

XXI. 16. Februar 1869. Milzbrand beim Pferde.

Höchst acuter Verlauf, Tod nach einigen Stunden. Acuter Milztumor. Bedeutender Hydrops ascites. Ausgedehnte seröshämorrhagische Infiltration des retropharyngealen und retrolaryngealen Bindegewebes sowie der oberen Halslymphdrüsen und des mediastinalen Gewebes. Oedematöse Schwellung der Schleimhaut des ganzen Verdauungsschlauches. Theerartiges Blut; stäbchenförmige Körperchen in demselben nach dem Tode.

XXII. 13. April 1869. Milzbrand beim Pferde.

Tod nach kaum 2tägiger Krankheitsdauer. Section 2 Stunden p. m.: Mässiger Milztumor. Bedeutend trüb-gelbliche, gallertige, serös-hämorrhagische Infiltration des subcutanen Bindegewebes in der Kehlkopfgegend und im oberen Dritttheil des Halses, ebenso des mediastinalen Bindegewebes; blutige

Infiltration und beginnende Verschorfung der oberen Halslymphdrüsen; ausgedehnte subpleurale Hämorrhagien. Mässige seröshämorrhagische Infiltration des Mesocolon und der meseraischen Drüsen daselbst. Katarrhalisch-ödematöse Schwellung sämmtlicher Schleimhäute, namentlich der Trachea, in letzterer blutige Sugillationen. Blut dunkel und zähflüssig. Die 2 Stunden nach dem Tode vorgenommene mikroskopische Untersuchung des Herzblutes ergab ausser einer bedeutenden Vermehrung der weissen Blutkörperchen ganz vereinzelte stäbchenförmige Körperchen in demselben, dagegen überaus zahlreiche charakteristische Stäbchen in dem karbunkulösen Infiltrate des Halses und der Halslymphdrüsen.

XXIII. 15. April 1869. Milzbrand beim Pferde.

Tod nach mehrstündiger Krankheitsdauer. Section ungefähr 15 Stunden p. m.:

Mässiger Milztumor. Hochgradiger acuter Hydrops ascites. Hämorrhagische und trüb-serös gallertige Infiltration des Mesocolon, sowie der stark geschwellten meseraischen Drüsen; letztere zum Theil in acuter Verschorfung. Ecchymosen und ödematöse Schwellung des peritonealen und mediastinalen Bindegewebes. Oedem der Darmwandung. Das Blut schwarz und theerartig.

Das mikroskopisch untersuchte Aderlassblut war frei von Bacterien; ebenso das nach dem Tode untersuchte Herzblut, welches nur zahlreiche nadelförmige Blutkrystalle enthält, die auf Zusatz von Essigsäure verschwinden. Dagegen finden sich Bacterien von der bekannten Beschaffenheit in mässiger Menge in den hämorrhagisch infiltrirten Partien des Mesocolon und der daselbst befindlichen Gekrösdrüsen.

XXIV. 24. April 1869. Milzbrand beim Pferde.

Sehr acuter Verlauf; Tod nach einstündigem Aufenthalt in der Anstalt.

Section 12 Stunden p. m.: Mässiger Milztumor. Acuter hämorrhagischer Hydrops ascites. Bedeutende hämorrhagische und serös-gallertige Infiltration der Nierenkapsel, des Mesocolon; die meseraischen Drüsen hämorrhagisch infiltrirt, bis wallnussgross geschwellt und theilweise in centraler Verschorfung. Bedeutendes Oedem und punktförmige Blutungen der Magen- und Darmschleimhaut, besonders des Colon. Subendocardiale Blutungen im rechten Herzen,. Hyperämie der Lungen. Das Blut allenthalben dunkelschwarz und theerartig.

Im Blute aus einem Pfortaderaste des Mesocolon entnommen, ebenso in den blutig infiltrirten und verschorften Gekrösdrüsen finden sich bei der mikroskopischen Untersuchung überaus zahlreiche Milzbrandbacterien; daneben nadelförmige Blutkrystalle, die auf Zusatz von Essigsäure verschwinden.

XXV. 7. September 1869. Milzbrand beim Pferde.

Das Thier wurde sterbend auf die Klinik gebracht, wo es nach wenigen Stunden umstand.

Section einige Stunden p. m.: Acuter Milztumor. Acuter Hydrops ascites; hämorrhagisch-sulziges Oedem des Mesocolon, der meseraischen Drüsen daselbst, sowie der Wandung des Colon. Oedematöse Schwellung der Wandung des Verdauungscanales. Dünnflüssiger Darminhalt. Hämorrhagisches Oedem des mediastinalen Bindegewebs. Das Blut dunkel und dickflüssig.

Das Milzbrandblut enthält wenig zahlreiche stäbchenförmige Körperchen neben zahlreichen Blutkrystallen.

XXVI. 14. September 1869. Milzbrand beim Pferde.

Wurde nahezu sterbend auf die Anstalt gebracht, höchst acuter Verlauf, Tod nach $1^1/_2$tägiger Krankheitsdauer.

Section 2 Stunden p. m.:

Die Milz doppelt vergrössert. Acutes Oedem des Unterhautzellgewebes an der Unter- und Seitenbrust, am Unterbauch und in der Schamgegend. Mässiges Hydropericordium und doppelseitiger Hydrothorax. Sulzig-gelbliche Infiltration des mediastinalen Bindegewebes namentlich der Lungenwurzel, hämorrhagische Infiltration der Bronchialdrüsen. Hochgradige hämorrhagische gelbsulzige Infiltration des Mesocolon und der

Nierenkapsel, der meseraischen Drüsen, theilweise Verschorfung der letzteren. Oedem der Magen- und Darmwandung, blutige Suffusionen im Ileum; handtellergrosser Karbunkel im Colon. Dünnflüssiger Darminhalt. Theerartiges, dunkles Blut.

Im Herzblute finden sich bei wiederholter Untersuchung keine stäbchenförmigen Körper.

XXVII. 2. December 1868. Milzbrand beim Rinde.

Das Thier wurde wegen gefahrdrohender Erscheinungen geschlachtet und zur Section in das Thierarzneiinstitut gebracht.

Section kurze Zeit p. m.: Mässiger Milztumor. Grosse Blutunterlaufungen im linken Herzventrikel. Blutiger Darminhalt in grosser Menge, serös-hämorrhagische Schwellung der Dünndarmschleimhaut.

Das Blut theerartig, dickflüssig.

Eine mikroskopische Untersuchung des Blutes fand nicht statt. Die anatomische Diagnose lautete auf Milzbrand.

XXVIII. 5. April 1869. Milzbrand bei einer Kuh.

Das plötzlich erkrankte Thier starb sehr rasch.

Section unmittelbar nach dem Tode: Die Milz sehr bedeutend vergrössert, breiig weich. Oedematöse und hämorrhagische Infiltration des peritonealen Bindegewebes, besonders des Mesenterium und der meseraischen Drüsen. Hämorrhagische Schwellung der Labmagenschleimhaut; zahlreiche karbunkulöse Infiltrationen des Dünn- und Dickdarmes, sowie der Uterusschleimhaut. Mässiges Lungenödem. Das Blut allenthalben dunkel und dünnflüssig.

Bei der mikroskopischen Untersuchung finden sich im Blute überaus zahlreiche stäbchenförmige Körper und ausserdem zahlreiche punktförmige glänzende Körperchen. Stäbchenförmige Körper finden sich ferner in allen untersuchten Organen: Lunge, Leber, Herz, Nieren, Magen, Darm, Milz und in grösster Zahl in den feinen Capillargefässen der Submucosa des Darmes. Die genannten parenchymatösen Organe überdies im Zustande der trüben Schwellung und körnigen Trübung.

Wie man sieht, zeigen die beschriebenen Fälle bei Pferden eine grosse Uebereinstimmung in Bezug auf die pathalogisch-anatomischen Veränderungen, während die beiden bei Rindern beobachteten Milzbrandfälle denen, wie sie bei Schilderung der Enzootie zu Werikon aufgeführt wurden, sehr ähnlich sind.

Was das Verhalten der stäbchenförmigen Körper betrifft, so ergibt sich bei Betrachtung der zuletzt mitgetheilten 12 Fälle folgendes Resultat:

Unter 9 überhaupt in dieser Richtung untersuchten Fällen fanden sich die stäbchenförmigen Körper 8 Mal nach dem Tode sei es im Blute, welches von verschiedenen Stellen untersucht wurde, oder in der Milz oder in den karbunkulösen Infiltraten der Bauchhöhle; einmal (XXVI) wurden sie im untersuchten Herzblute vermisst. Im Blute des lebenden Thieres fanden sich 2 Mal (XVIII. und XX.) Bacterien, wobei jedoch berücksichtigt werden muss, dass eine Untersuchung des Blutes vom lebenden Thiere überhaupt selten vorgenommen wurde.

Was lässt sich weiter aus der Betrachtung dieser Resultate folgern? Einmal, dass die stäbchenförmigen Körper im Blute an Milzbrand gestorbener Thiere nahezu constant gefunden werden und zwar in dem frischen Cadaver, welcher unmittelbar nach dem Tode untersucht wird, ferner, dass man im Blute der lebenden Thiere dieselben Gebilde findet, wenn man den rechten Zeitpunkt zur Untersuchung gewählt hat. Je näher der Termin dem lethalen Ende liegt, desto grösser ist die Wahrscheinlichkeit für das Vorhandeusein von Bacterien. Nach meinen Erfahrungen möchte ich die Angaben — selbstverständlich auch die meinigen — über das Fehlen der stäbchenförmigen Körper im Blute nach dem Tode wenigstens zum grössten Theile auf Rechnung von Beobachtungsfehlern setzen.

Schon oben habe ich darauf hingewiesen, dass vereinzelte Bacterien in den untersuchten Blutproben auch von einem geübteren Mikroskopiker übersehen werden können, besonders wenn das Blut ohne Zusatzflüssigkeit der Untersuchung unterworfen wird. Zu dieser Fehlerquelle gesellt sich noch eine zweite, nämlich die Blutuntersuchung wird in der Regel nicht allseitig genug vorgenommen. Wie überhaupt bei derartigen Untersuchungen fallen negative Resultate weit weniger ins Gewicht, als positive und wenn irgendwo, so kommt Alles hier auf die Methode an: Untersucht man also von der Blutmasse eines Pferdes oder Rindes, die ungefähr 50—60 Pfund beträgt, einen Tropfen, so hat man ungefähr den $^1/_{750000}$ Theil der ganzen Blutmenge vor sich und man ist nicht immer berechtigt, aus dem Fehlen jener kleinen Gebilde in dem untersuchten Bluttropfen den Schluss zu ziehen, dass im Blute überhaupt die Bacterien fehlen. Für die thatsächliche Berechtigung dieser Annahme führe ich die Fälle XXII. und XXIII. als Beweise an: im ersteren fanden sich ganz vereinzelte Stäbchen im Blute, dagegen überaus zahlreiche in den karbunkulösen Infiltraten des Halses und in den hämorrhagisch geschwellten Halslymphdrüsen. Im zweiten Falle (XXIII) fand sich im Blute keine Spur von Bacterien, dagegen in den gelblich-sulzigen und hämorrhagischen Infiltraten des Mesocolon und in den daselbst befindlichen Gekrösdrüsen.

Diese Beobachtungen, denen ich eine ähnliche beim Milzbrand des Menschen beifügen werde, scheinen mir zu beweisen, dass die Milzbrandbacterien unter Umständen auch lokal im Blute milzbrandiger Thiere vorkommen können. Unter welchen Bedingungen dies erfolgt, dürfte vorläufig etwas schwierig zu beantworten sein. Unter anderen Möglichkeiten könnte man daran denken, dass ein solches lokales Auftreten hauptsächlich dann vorkommt, wenn der Tod zu rasch eintritt, als dass sich diese fremdartigen Gebilde im ganzen Körper verbreiten können.

Nachdem ich auf Grund meiner ersten Beobachtungen über Milzbrand, die ich im Jahre 1868 und 1869 machte, die Ansicht ausgesprochen und vertheidigt hatte, (Thesen zur Habilitation, München 1870), dass die Milzbrandbacterien für die Pathogenese des Milzbrandes nicht ohne Bedeutung seien, war ich auf Grund meiner ersten experimentellen Untersuchungen (Impfung 1, 2 und 4) zu der Meinung gekommen, dass ausser den stäbchenförmigen Körpern noch ein weiteres Agens im

Blute milzbrandiger Thiere vorhanden sein müsse, welche ich einstweilen als Keime der stäbchenförmigen Körper bezeichnete. (Vortrag im Verein jüngerer Aerzte zu Zürich. Sitzung vom 24. Februar 1872.) Ich brauche nicht ausdrücklich zu sagen, dass ich auf diesem Wege unbedingt mehr der Theorie Davaine's mich zuneigte, als derjenigen Brauell's, welcher nur den diagnostischen und prognostischen Werth der stäbchenförmigen Körper zugestehen will.

Wenn die Annahme von der Existenz solcher Bacterienkeime im Milzbrandblute richtig war, so musste es jedenfalls von Wichtigkeit sein, zu constatiren, ob man auch im Stande sei, mit bacterienhaltigem Milzbrandblute Milzbrand zu erzeugen, bei dem sich nur solche Keime, aber noch keine Bacterien entwickelt haben. Aus einer Versuchsreihe, die ich in dieser Richtung anstellte, hebe ich an dieser Stelle einen Versuch heraus, der in schlagender Weise die Richtigkeit der oben ausgesprochenen Ansicht illustrirt.

XXII. Impfung 5. 24. Februar 1872.

Katze. Impfung mit frischem bacterienhaltigem Milzbrandblute. Tod 26 Stunden nach der Impfung. Im Cadaver Veränderungen wie bei Milzbrand. Keine Bacterien im Blute, dagegen Bacterienkeime, aus denen sich unter dem Deckglase Milzbrandbacterien entwickeln.

Ein sehr kräftiger, vollkommen gesunder Kater wurde am 24. Februar 1872 Mittags 12 Uhr mit $1/2$ Gramm frischen bacterienhaltigen Milzbrandblutes von einem Ziegenbocke (XVI. Impfung 4.) subcutan hinter dem rechten Schulterblatte geimpft. Das Thier zeigte an dem betreffenden Tage keine besonderen Erscheinungen. Am Morgen des 25. Februar zeigt sich das Thier abgestumpft und liegt ruhig und bewegungslos zusammengekauert in der Stallecke. Die Athmung ist mässig beschleunigt. Der Tod erfolgt am 25. Februar Nachmittags 2 Uhr, 26 Stunden nach der Impfung.

Das unmittelbar nach dem Tode aus einer Drosselvene entnommene Blut zeigt bei der mikroskopischen Untersuchung keine Spur von stäbchenförmigen Körpern, dagegen kleine punktförmige glänzende Körper in ziemlicher Zahl. Die betreffenden mikroskopischen Präparate wurden ohne weitere Behandlung an offener Luft aufbewahrt. Die am folgenden Morgen 18 Stunden p. m. vorgenommene Section ergab folgende Veränderungen:

Kräftig gebautes muskulöses Thier. An der Impfstelle hinter dem rechten Schulterblatte findet sich das Unterhautzellgewebe in ziemlicher Ausdehnung missfarbig, von dunkelbrauner und schwarzrother Farbe, serös-blutig infiltrirt und stellenweise emphysematisch. Mikroskopisch findet man hier Bacterien, wie sie dem Milzbrande zukommen, in mässiger Zahl. Das Blut in den inneren Organen ist von dunkelschwarzrother Farbe, dickflüssig und die wiederholte Untersuchung einer Probe aus einer Drosselvene zeigt eine erhebliche Zunahme der weissen Blutkörperchen und der obenerwähnten glänzenden punktförmigen Körper, dagegen keine Bacterien. Herz, Lungen, Leber und Nieren sehr blut- und saftreich, im Uebrigen ohne besondere Veränderung. Die Milz etwas vergrössert, sehr blutreich, lässt mikroskopisch in ihrer Pulpa nur vereinzelte Stäbchen erkennen.

Im Magen und Darm kein Futterbrei, an Stelle dessen dünnflüssiger, schleimiger Inhalt von grau-röthlicher Farbe, welcher mikroskopisch aus Schleim, Rundzellen, Gallenconcrementen und niederen Organismen (Vibrionen und Bacterien) besteht, wie solche hier gewöhnlich vorkommen.

Wie man sieht, hat dieser Fall einige Aehnlichkeit mit einem früher mitgetheilten Impfversuche (XV. Impfung 3); das betreffende Kaninchen war 19 Stunden nach der Impfung mit bacterienhaltigem Milzbrandblute gestorben und doch fanden sich im Blute desselben keine Stäbchen. Wenn ich bei jenem Falle unentschieden war, ob ich ihn zum Milzbrande rechnen sollte, so konnte im vorliegenden kaum bezweifelt werden, dass das Thier an Impfmilzbrand zu Grunde gegangen war. Die Impfung war mit vollkommen frischem Blute geschehen, welches unmittelbar aus dem noch warmen Cadaver des an Milzbrand gestorbenen Ziegenbockes entnommen war, und hatte den kräftigen Kater nach 26 Stunden getödtet. Von vornherein ist also eine putride Infection auszuschliessen, dagegen bestätigen die lokalen Veränderungen an der Impfstelle, die makroskopische Blutveränderung, die Milzvergrösserung, die parenchymatöse Schwellung der inneren Organe die Diagnose auf Milzbrand, wenn man auch die Bacterien an der Impfstelle und in der Milz, die erst 18 Stunden nach dem Tode gefunden wurden, ausser Acht lässt. Diese Annahme sollte durch dle Ergebnisse der fortgesetzten Blutuntersuchungen eine unerwartete Bestätigung finden.

Wie oben bemerkt, fanden sich in dem unmittelbar nach dem Tode untersuchten Blute keine Bacterien; die betreffenden beiden mikroskopischen Präparate zeigten auch bei wiederholter Untersuchung nach 18 Stunden keine weitere Veränderung. In Folge der dickflüssigen Beschaffenheit des Blutes waren die Ränder der Deckgläschen bald eingetrocknet und das Ganze dadurch nahezu luftdicht abgeschlossen. Die genau gekennzeichneten Präparate wurden, um die weiteren Veränderungen des Blutes zu verfolgen, in mehrstündigen Zwischenräumen untersucht. Am Morgen des 27. Februar — ungefähr 42 Stunden nach dem Tode — war ich sehr überrascht, in beiden Blutpräparaten eine Unzahl von stäbchenförmigen Körpern, wie sie für den Milzbrand charakteristisch sind, zu beobachten, die ich ohne Schwierigkeit mehreren Collegen sowie meinen Schülern zu demonstriren im Stande war. Und ebenso hatten sich in dem Blute, welches unbedeckt auf dem Objectglase eingetrocknet war, zahlreiche characteristische Stäbchen entwickelt, die noch heute beim Niederschreiben dieser Zeilen — nach 2½ Monaten — vollkommen intakt erhalten sind.

Wir haben hier also auf die einfachste Weise, die sich denken lässt, einen gelungenen Culturversuch vor uns, indem sich aus punktförmigen Keimen (Kugelbacterien) des Anthraxblutes ächte Milzbrandbacterien in einer nahezu geschlossenen

Kammer — unter dem Deckgläschen — in characteristischer Form und grösster Zahl entwickelt haben. Durch diese Thatsache wird meine oben angedeutete und aus anderen Gründen aufgestellte Ansicht, dass die Keime der stäbchenförmigen Körper auch ohne diese vorhanden sein können, wie ich denke, in hohem Grade bekräftigt. Parallel mit diesem Culturversuche steht die Entwickelung der stäbchenförmigen Körper, welche in dem einfach eingetrockneten Blute auf dem Objectglase als auch in der aufbewahrten Milz im gleichen Zeitraume ungefähr vor sich ging. Abgesehen davon, dass das Blut während der Entwickelung und bei Constatirung der Bacterien noch keine Zeichen von Fäulniss zeigte, ist eine Verwechselung mit gewöhnlichen Fäulnissbacterien mit Sicherheit auszuschliessen, da letztere nach meiner Ansicht so verschieden von den Milzbrandbacterien sind, dass bei einiger Erfahrung und Uebung über diesen Punkt eine Verwechselung kaum möglich ist.

Was für Veränderungen weiter noch mit den Milzbrandbacterien vor sich gehen können, darauf werde ich bei Erörterung der mophologischen Eigenschaften der Bacterien noch einmal zurückkommen.

Sind wir nun berechtigt, die Bacterien beim Milzbrande ohne Weiteres als das Milzbrandgift oder als die Träger dieses Giftes zu betrachten? Bekanntlich wurde diese Frage von Davaine entschieden bejaht und mit mannigfaltigen Beweismitteln zu stützen versucht. Der nächste Weg, der bis jetzt leider ohne Erfolg betreten wurde, ist der, dass man die stäbchenförmigen Körper isoliren und dann zusehen müsste, ob dieselben allein im Stande seien, Anthrax zu erzeugen. Die ausserordentliche Kleinheit dieser Organismen liess unschwer voraussehen, dass solche Versuche misslingen würden. Diese Körperchen wandern durch die gebräuchlichen Filtrirapparate hindurch und wenn es richtig ist, was ich annehme und zu beweisen versuchte, dass im Milzbrandblute ausser den stäbchenförmigen Körpern noch feinere Gebilde, die Keime der Stäbchen vorhanden sind, so liegt es auf der Hand, dass man auf dem angedeuteten Wege der Isolirungsversuche schwerlich zu einem positiven Resultate gelangen wird.

So hat z. B. H. Hoffmann (l. c.) künstliche Filtrationen milzbrandigen Blutes mittelst doppelten Papiers versucht, was aber nicht gelang. Die Bacterien gingen massenhaft durch den Filter, das benutzte Hammelblut blieb stark contagiös bei der Inoculation.

Nachdem schon Brauell[1]) constatirt hatte, dass Blut ohne stäbchenförmige Körper von den Embryonen der an Milzbrand umgestandenen Pferde und Schafe auf Schafe und Füllen geimpft, keinen Milzbrand hervorbringe, hat Davaine[2]) an trächtigen Meerschweinchen ähnliche Beobactungen gemacht. Er fand, dass das Blut der Embryonen milzbrandiger Thiere frei von Bacterien und unfähig war, Milzbrand zu erzeugen. Es scheint demnach die Placenta einen physiologischen Filtrirapparat darzustellen, welcher das Gift nicht in den fötalen Kreislauf gelangen lässt. Wollte man daraus den Schluss ziehen, dass das Milzbrandgift ein physikalischer Körper und durchaus nicht chemisch gelöst im Blute des Mutterthieres vorhanden sein könne, wie es Davaine direct thut, so lassen sich auch dagegen erhebliche Einwendungen machen. Während der Uebergang körperlicher Substanzen z. B. von Farbstoffen aus dem mütterlichen Kreislaufe in den fötalen trotz der negativen Befunde von Hoffmann und Langerhans[3]) nach den Beobachtungen von Reitz[4]) kaum zweifelhaft ist, hat Gusserow[5]) experimentell nachgewiesen, dass selbst gelöste Stoffe wie Jod entweder gar nicht oder nur sehr allmählig und langsam aus der Mutter in die Frucht übergehen.

Es kann demnach nicht auffallen, wenn die stäbchenförmigen Körper nicht von dem Mutterthiere auf die Frucht übergehen,

---

[1]) Virchow's Archiv. B. 14. p. 459. 1858.

[2]) Récueil de méd. vét. 1868. p. 199.

[3]) Virchow's Archiv. B. 48. p. 304. 1869.

[4]) Centralblatt für die medic. Wissenschaft. 1868. p. 654.

[5]) Archiv für Gynäkologie. B. III. H. 2. Separatabdruck.

obwohl die Möglichkeit nicht abzuleugnen ist. Weit gewichtiger sind die Impfresultate: wenn solches fötale Blut ohne Stäbchen keinen Milzbrand hervorbringt, dagegen das bacterienhaltige mütterliche, so liegt darin eine gewichtige Thatsache, welche für die virulenten Eigenschaften der Stäbchen spricht. Nach den oben angeführten Versuchen wäre es anderseits immerhin denkbar, dass das Milzbrandgift selbst gelöst im Blute der Mutterthiere vorhanden sein könne und bei dem raschen Verlaufe der Krankheit nicht Zeit finde, in das fötale Blut überzugehen.

Meine Versuche bestätigen demnach die Angaben von Brauell und Bouley, wornach man unter Umständen mit Milzbrandblut ohne stäbchenförmige Körper durch Impfung auf andere Thiere (Kaninchen) ächten Milzbrand erzeugen kann und zwar so, dass das Blut derartig geimpfter Thiere im Leben und im Tode die charakteristischen Milzbrandbacterien enthält. Entgegen der Ansicht der beiden genannten Forscher, welche daraus schliessen, dass die stäbchenförmigen Körper (Bacterien oder Bacteridien) nicht das Milzbrandgift bilden, erkläre ich die angeführten Impfresultate auf Grund meiner Beobachtungen dadurch, dass das Milzbrandblut beim Mangel der Bacterien in solchen Fällen schon kleinste Gebilde — die Bacterienkeime — enthält, welche in den Impfthieren die Entwickelung der Bacterien bedingen.

Umgekehrt kann man mit bacterienhaltigem Milzbrandblute durch Impfung ächten Milzbrand erzeugen, ohne dass das Blut der Impfthiere Bacterien enthält, wohl aber die genannten Bacterienkeime, welche dann postmortal ausserhalb des Thierkörpers zu charakteristischen Cylinder-Bacterien sich entwickeln können.

Die negativen Befunde in Bezug auf das Vorkommen der Bacterien im Blute milzbrandiger Thiere, welche an dieser Krankheit gestorben sind, lassen sich meistens als Beobachtungsfehler erklären, da nachgewiesenermassen die Milzbrandbacterien auch local im Körper — nur auf gewisse Gebiete beschränkt — vorkommen können.

Bei dem nahezu constanten Vorkommen der charakteristischen Bacterien und Bacterienkeime im Blute milzbrandiger Thiere mit Rücksicht auf die vielfachen Impfversuche und auf den exquisiten Charakter des Milzbrandes als einer Blutkrankheit, ist man berechtigt, die genannten Organismen als das Milzbrandgift zu betrachten, besonders wenn der Nachweis gelingt, dass die klinischen und pathologisch-anatomischen Veränderungen beim Milzbrande mit den bekannten physiologischen Eigenschaften der Bacterien im Einklange stehen, wenn also der Zusammenhang zwischen Ursache und Wirkung eine physiologische Begründung zulässt.

IV.

Zur Morphologie der Milzbrand-Bacterien.

Nachdem wir im Vorhergehenden über das Vorkommen und die Beziehungen der Milzbrand-Bacterien zum Milzbrande unsere Erfahrungen mitgetheilt, wollen wir versuchen, diese eigenthümlichen Gebilde näher zu charakterisiren.

Die Bacterien, wie sie im Blute milzbrandiger Thiere vorkommen, sind in der Regel gerade, seltener leicht gebogene oder stumpfwinkelig eingeknickte, cylindrische, stäbchenartige Körperchen, die in der grossen Mehrzahl 7—12 Mikromillimeter (μ)[1]) lang sind, also ungefähr in ihrer Länge dem Durchmesser rother und weisser Blutkörperchen entsprechen. (Tafel I. Fig. 1). In frischem Zustande unmittelbar aus dem Thierkörper untersucht sind sie von kaum messbarer Breite, dagegen im aufgequollenen und eingetrockneten Zustande bis zu 0,8—1,0 μ breit. (Tafel I. Fig. 2). Der Breitendurchmesser ist bei sämmtlichen ohne Rücksicht auf die Länge der Stäbchen vollkommen gleich. Ausser diesen Cylinder- oder Mesobacterien finden sich als Zwischenglieder kleinere Formen jedoch in geringerer Zahl von 2—3—5 μ Länge bis herab zu den kleinsten unmessbaren Formen, die bei gewöhnlicher Vergrösserung (Hartnack Syst. 7,

---

1) 1 Mikromillimeter (μ) = 0,001 Millimeter.

Ocul. 3.) als feine Punkte, bei stärkerer Vergrösserung jedoch als sogenannte Mikrobacterien oder Kugelbacterien mit allen chemischen und optischen Eigenschaften der Cylinderbacterien zu erkennen sind. Grössere Bacterien, welche die angegebenen Maasse überschreiten, sind seltene Befunde und solche von 50 μ Länge, wie sie von Davaine angegeben werden, sind mir niemals zu Gesicht gekommen. Ihrem weiteren Aussehen nach sind sie blass, von matter Lichtbrechung und niemals verzweigt; eine scheinbare Verzweigung entsteht nicht selten durch Aneinanderlagerung zweier Stäbchen.

Frische Stäbchen zeigen bei mittlerer und stärkerer Vergrösserung (Hartnack Syst. 7 und 9, Ocul. 3) keine Gliederung oder es ist dieselbe nur hie und da und schwierig zu erkennen. Dagegen sieht man bei sehr starker Vergrösserung — 800 bis 1200facher — (Hartnack. Immers. 11. Ocul. 3 und 4) an jedem Stäbchen mehr oder weniger deutlich den gegliederten Bau. (Fig. 2, 3 und 4). Durch verschiedene Methoden, namentlich durch Aufquellen mit Wasser[1]) und nachherige Eintrocknung, sowie während des Zerfalles der Stäbchen lässt sich die Gliederung sehr deutlich machen, und man bemerkt, dass jedes Stäbchen aus kugeligen oder kurzcylindrischen Gliederzellen — Kugelbacterien — zusammengesetzt ist. Durch dieselbe Methode lässt sich auch häufig eine Differenzirung des Inhaltes nachweisen: in dem blass contourirten Körper sieht man dann einen dunklen Inhalt, das geronnene Plasma. Im frischen Bacterium fehlt dagegen eine solche Differenzirung zwischen Plasma und Hülle vollkommen. Ausserdem findet man bei Auflösung der Cylinder nicht selten die einzelnen Glieder durch eine äusserst zarte, blasse, membranartige Brücke zusammengehalten, welche nur die Hülle verbindet. Letzteres Verhältniss ist namentlich bei der Bewegung derartiger Körperchen in einem Flüssigkeitsstrome deutlich zu erkennen.

---

[1]) H. Hoffmann (l. c.) sah ebenfalls die Milzbrandbacterien durch Wasser um das Doppelte anschwellen, ohne dass sie sonst ihre Form veränderten.

Die Milzbrandbacterien zeigen niemals Bewegung, auch wenn man sie unter Verhältnisse bringt, die denen des lebenden Körpers entsprechen, wenn man sie bis zur Bluttemperatur erwärmt. Die öfters zur Beobachtung kommenden scheinbaren Bewegungen — besonders der kleineren, seltener der grösseren Formen — lassen sich ohne Ausnahme durch von aussen kommende Einflüsse erklären oder sind einfache Molekularbewegungen.

Eine der wichtigsten chemischen Eigenschaften der Milzbrandbacterien ist ihre ausserordentliche Resistenz gegen die verschiedensten Reagentien.

Durch Wasserzusatz werden sie Anfangs nicht verändert, nur deutlicher sichtbar; bei längerer Wassereinwirkung quellen sie in der Regel nach Länge und Breite erheblich auf; besonders der Breitendurchmesser nimmt um das 3—4fache zu (Fig. 2, 3 und 4). Durch Alcohol und Aether wird der Dickendurchmesser geringer, die Stäbchen werden feiner und schwerer sichtbar. Durch Glycerin werden sie ausserordentlich blass, lassen sich jedoch in luftdicht verschlossenen Präparaten 4 Jahre und darüber conserviren.

Durch verdünnte Säuren und Alkalien werden sie wenig verändert, ebenso nicht durch concentrirte Essigsäure, wodurch sie höchstens etwas dünner werden.

Unter Einwirkung concentrirter Alkalien und Säuren (Aetzkali, Natronlauge, Schwefelsäure und Salpetersäure) werden sie schwerer sichtbar; dagegen erst bei längerer Einwirkung zerfallen sie in der Mehrzahl durch diese Flüssigkeiten in ihre Segmente und punktförmige Glieder, ebenso wenn man sie mit diesen Flüssigkeiten kocht. Die isolirten punktförmigen Gebilde — Kugelbacterien, Bacterienkeime — verhalten sich chemisch und optisch in jeder Beziehung wie die Cylinderbacterien.

Von anderen formähnlichen Gebilden im Blute, z. B. von nadelförmigen Blutkrystallen, die hauptsächlich im Pferdeblut leicht entstehen uud öfters zu Verwechselungen Anlass geben, lassen sich die Bacterien leicht unterscheiden: erstere verschwinden auf Zusatz von Essigsäure sofort, während die Bacterien deutlich sichtbar bleiben. Durch Zusatz von etwas destillirtem Wasser zu frischem Blute werden die Bacterien leichter sichtbar.

Will man die Milzbrand-Bacterien conserviren, so geschieht dies am zweckmässigsten durch rasches Eintrocknen in dünnen Lagen an offener Luft sei es mit oder ohne vorherigem Wasserzusatz. Im ersteren Falle wird der plasmatische Inhalt häufig deutlich sichtbar. Nach 3 Monaten sind derartig aufbewahrte Bacterien noch vollkommen erhalten.

Zerstört werden die Milzbrandbacterien am sichersten durch Fäulniss, deren Eintritt nach Massgabe äusserer Einflüsse (Luftzutritt, äussere Temperatur) verschieden rasch geschieht. Verfolgt man diesen Vorgang des Zerfalls unter dem Mikroskope, so werden die Bacterien immer blasser und schwerer sichtbar, zerfallen dann in Stücke und verschwinden schliesslich ganz. Mit dem Auftreten der Fäulnissbacterien, die sich durch ihre lebhafte Bewegungsfähigkeit (wenigstens des grössten Theiles), sowie durch ihre Vielgestaltigkeit und das Vorherrschen von Kugelbacterien scharf trennen lassen, sind die Milzbrandbacterien vollkommen verschwunden.

Aus der geschilderten Aufeinanderfolge der Fäulnissbacterien auf die Milzbrandbacterien erklärt sich die irrige Annahme von Brauell, dass die bewegungslosen Milzbrandbacterien später, in der Regel drei Tage nach dem Tode Bewegung annehmen.

Mit dem Verschwinden der Milzbrandbacterien und dem Auftreten der Fäulnissbacterien erlischt auch die Virulenz des Milzbrandblutes, d. h. es producirt bei der Impfung keinen Milzbrand mehr, sondern ist entweder ohne Wirkung oder erzeugt putride Infection (Septicämie).

In ihrem chemischen Verhalten gegen Reagentien unterscheiden sich dagegen die Fäulnissbacterien nicht von den Milzbrandbacterien.

Sanson[1]), einer der heftigsten Gegner Davaine's, wollte

---

[1]) Récueil de méd. vét. 1871 und österr. Vierteljahrsschrift f. wiss. Vet.-Kunde. B. XXXVI. 1871. p. 122.

durch Versuche nachgewiesen haben, dass, wenn man die beweglichen Bacterien des Heuaufgusses in einen Bluttropfen übertreten lässt, die Bewegung sogleich aufhört und umgekehrt, dass wenn man zu den unbeweglichen Bacterien des Milzbrandblutes Wasser zuleitet, eine Bewegung in denselben eingeleitet wird. Wenn Sanson daraus folgert, dass die Bacterien und Bacteridien (Fäulnissbacterien und Milzbrandbacterien) die gleichen Wesen sind, so muss ich dem bestimmt widersprechen und zwar auf Grund von Versuchen, deren Ergebnisse den mitgetheilten Sanson's geradezu widerspricht. Ich sah bei den beweglichen Bacterien des Heuaufgusses durch Zusatz von Blut keine Störung ihrer Beweglichkeit eintreten und umgekehrt bewegen sich die Milzbrandbacterien niemals, wenn man ihnen Wasser zuleitet.

Wenn Hoffmann (l. c. p. 327) sagt, die Milzbrandbacterien seien, soweit das Auge reicht, in keiner Beziehung verschieden von jenen, wie sie auch in der saueren Milch oder in fauler Fleischflüssigkeit vorkommen, so kann ich mich dieser Ansicht ebenfalls nicht anschliessen, wenigstens insofern nicht, als es das Gesammtbild betrifft, welches man bei einer vergleichenden Untersuchung dieser 3 Flüssigkeiten — des Milzbrandblutes, der saueren Milch und faulen Fleischwassers — erhält. Allerdings finden sich in den beiden letztgenannten Flüssigkeiten einzelne Bacterien, welche denjenigen des Anthraxblutes sehr ähnlich sind, jedoch das ganze Bild ist wesentlich verschieden. Die Bacterien der faulen Fleischflüssigkeit und der saueren Milch zeichnen sich aus durch ihre grosse Bewegungsfähigkeit, ihre Vielgestaltigkeit, — neben einer Unzahl der kleinsten Formen (Mikrobacterien, Kugelbacterien, Zoogloeahaufen) finden sich kettenförmige grössere, auch bei mittlerer Vergrösserung sehr deutlich gegliederte Cylinderbacterien bis zu den grössten Formen, die an Länge den Durchmesser des Gesichtsfeldes übertreffen, ferner spiralige Formen. Beim Milzbrande dagegen sind die Bacterien ohne Bewegung, von einer gewissen Gleichartigkeit der Form, der Länge sowie des ganzen Habitus, von einer schwierig nachweisbaren Gliederung.

Die Bacterien der saueren Milch zeigen nur vereinzelte grössere, dagegen zahlreiche sehr kleine, in lebhafter Bewegung begriffene Bacterien. Ebenso sind die Bacterien der faulen Fleischflüssigkeit wesentlich unterschieden durch die grosse Menge von Kugelbacterien, lebhafte Bewegungsfähigkeit, die häufige deutliche kettenartige Gliederung und die sehr grossen Bacterienformen, die im Milzbrandblute niemals vorkommen.

Aus den oben angegebenen Grössen- und Zahlenverhältnissen scheint mir ferner hervorzugehen, dass die Bemerkung Hoffmann's, dass die Massangaben über Länge und Breite fast werthlos seien, da sie in die Grenzen der Beobachtungsfehler fallen, für die Milzbrandbacterien nicht vollkommen zutreffend ist.

Ich würde demnach den gegenwärtigen Stand unseres Wissens über die Milzbrandbacterien ungefähr so formuliren:

Die eigenthümlichen stäbchenförmigen Gebilde, die sich im Blute milzbrandkranker Thiere im Leben und im Tode finden, gehören zu jener Gruppe von Organismen, die als Schizomyceten, Spaltpilze (Nägeli und de Bary) bezeichnet werden. Als Glieder jenes zwischen Pflanzen- und Thierreich stehenden dritten organischen Reiches, der Protiten oder Urwesen (Häckel) nähern sich die unbeweglichen Milzbrandbacterien mehr der pflanzlichen als der thierischen Natur.

Die Milzbrandbacterien bestehen wie alle Bacterien aus Zellen von rundlicher oder kurz cylindrischer Form (Kugelbacterien oder Microbacterien). Daneben finden sich als kleinste Formen isolirte Kugelbacterien, welche als die Bacterienkeime betrachtet werden können. Letztere vermehren sich fortwährend durch Zweitheilung und setzen zu Reihen vereinigt die Stäbchen (Cylinderbacterien, Mesobacterien) zusammen, welche an allen Punkten gleichmässig durch Zelltheilung wachsen.

Die Vermuthung von F. Cohn[1]), dass die contagiösen Bacterien alle in die Klasse der Kugelbacterien gehören und

---

[1]) Referirt von Waldeyer: Archiv für Gynäkologie. B. III. p. 295. 1872.

dass hieher vielleicht auch die Bacteridien Davaine's zu rechnen seien, kann ich somit für die Milzbrandbacterien bestätigen.

Die Milzbrandbacterien, deren Gliederung übrigens schwierig zu erkennen ist, sind ebenso wie die Fäulnissbacterien ausgezeichnet durch ihre grosse Resistenz gegen chemische Reagentien sowie dadurch, dass ihr Vorkommen, ihre Entwicklung und Vermehrung an Sauerstoff gebunden ist. Dagegen unterscheiden sie sich von den Fäulnissbacterien wesentlich durch ihre Unbeweglichkeit, durch den Mangel an Vielgestaltigkeit und abgesehen von ihren physiologischen Eigenschaften dadurch, dass sie durch Fäulniss zerstört werden.

Schon die Thatsache, dass die Milzbrandbacterien durch die Fäulniss zerstört werden, während die Fäulnissbacterien gerade mit diesem Processe und als Ursache desselben sich entwickeln, im Zusammenhalt mit dem Umstand, dass im frischen bacterienhaltigen Blute milzbrandiger Thiere niemals die Erscheinungen der Fäulniss zu finden sind, dürfte beweisen, dass die Milzbrandbacterien etwas Besonderes darstellen. Ich glaube, dass die bisherigen Ergebnisse auf dem Boden stehen, welcher in der Bacterienfrage durch Nägeli und de Bary und besonders durch die massgebenden Untersuchungen von H. Hoffmann und F. Cohn gegeben ist.

Ohne dem endgültigen Urtheile der Botaniker vorzugreifen und ohne an dieser Stelle über die genetischen Beziehungen dieser Körperchen zum Milzbrande etwas zu präjudiciren, sind wir demnach berechtigt, dieselben als eine besondere Art anzusehen und würde vielleicht der Name Milzbrandbacterium = Bacterium anthracicum — passend erscheinen.

Die Erörterung der physiologischen Wirkung der Milzbrandbacterien auf den lebenden thierischen Organismus, zu der wir am Schlusse dieser Untersuchung gelangen, wird uns für die Richtigkeit unserer Aufstellungen weitere Argumente an die Hand geben und auch ein sicheres Urtheil über die Beziehungen dieser kleinsten Gebilde zum Milzbrande ermöglichen.

V.

Die Entstehung und Contagiosität des Milzbrandes. — Die Tenacität des Contagiums und die Zerstörung desselben. — Impfungen auf Thiere anderer Klassen. Der Genuss milzbrandigen Fleisches.

Ueber die Entstehung des Milzbrandes gehen die Ansichten ebenso auseinander wie über das Verhältniss der Bacterien.

Während früher auf die miasmatische Entstehung des Milzbrandes der Hauptaccent gelegt und die Entwicklung auf dem Wege der Contagion mehr in den Hintergrund gedrängt wurde, bekämpft Davaine[1]) entschieden die spontane Entwicklung des Anthrax und will alle Fälle, die sich nicht durch directe Ansteckung erklären lassen, auf dem Wege der Uebertragung durch Fliegen entstehen lassen. Bei der Diskussion über dieses Thema in der Pariser Akademie stellte sich Ricord auf Seite Davaine's, indem er darauf hinwies, dass sich auch in vielen Fällen von Syphilis die Ansteckung nicht nachweisen lasse, ohne dass man desshalb an eine spontane Entstehung denken dürfe.

Für die beschriebenene Enzootie zu Werikon glaube ich wahrscheinlich gemacht zu haben, dass die Anthraxfälle in erster Linie durch Ansteckung und zwar verschleppte zu

[1]) Bulletin de l'Acad. des scienc. XXXV. p. 471. Juin 15. 1870.

erklären seien, so dass man zur Annahme einer Uebertragung durch Fliegen im Sinne Davaine's nicht seine Zuflucht zu nehmen brauche. Da die Mehrzahl der Fälle überdies zu einer Jahreszeit vorkam, wo von Fliegen kaum die Rede sein kann, so wurde schon erwähnt, dass eine derartige Fortpflanzung des Milzbrandgiftes überhaupt schwierig zu vertheidigen sei. Auf der anderen Seite ist die Entstehung der beiden Fälle zu Niederuster und Bermatschwyl, wie schon früher hervorgehoben, einer allseitig ausreichenden Erklärung nicht minder schwer zugänglich. Der erste Fall zu Niederuster kam am 10. Mai 1869, 6 Wochen nach einem Milzbrandfalle (III.) zu Werikon, der zweite zu Bermatschwyl am 26. Februar 1872, 12 Tage nach einem Milzbrandfalle zu Werikon zur Beobachtung.

In Anbetracht der Jahreszeit (Februar und Mai), in welcher diese Fälle vorkamen, dürfte eine Uebertragung des Giftes durch Fliegen mit Sicherheit zurückzuweisen sein. Dagegen lässt sich ein Zusammenhang dieser Fälle mit der Enzootie in Werikon plausibel machen, wenn man die zeitliche Aufeinanderfolge, die geringe Entfernung dieser Orte (Niederuster liegt ungefähr $^1/_2$ Stunde, Bermatschwyl ungefähr $^3/_4$ Stunden von Werikon entfernt), in Anschlag bringt und endlich noch den Umstand, den ich ebenfalls früher schon andeutete, dass eine Verschleppung des Contagiums durch den wahrscheinlichen Verkauf des Fleisches der milzbrandigen Thiere zu Werikon sehr leicht ermöglicht wurde. Hatte ja doch auf diesem Wege, wie wir später hören werden, in dem benachbarten Dörfchen Nänikon durch den Fleischverkauf Ansteckung eines Menschen und Tod desselben durch Anthrax stattgefunden.

So gerechtfertigt es im Allgemeinen und namentlich aus praktischen und polizeilichen Gründen sein mag, wenn man in jedem Falle von Milzbrand die Entstehung durch Ansteckung zu beweisen versucht, so geht Davaine doch nach meiner Meinung zu weit, wenn er die spontane Entstehung der Anthrax überaupt verwirft. Bei der anerkannten Malarianatur des Milzbrandes muss eine spontane Entstehung dieser Krankheit durch Bodenverhältnisse, welche der Entwicklung und Erzeugung des Milzbrandgiftes günstig sind, anerkannt werden. Dagegen liegen zahlreiche Thatsachen vor und wie ich glaube spricht die Geschichte der Milzbrandenzootie zu Werikon ebenfalls dafür, dass vielleicht die grösste Zahl der Milzbrandfälle durch Ansteckung entstehen, mag nun das Contagium durch mangelhafte Desinfection, durch den Aderlass oder indirect bei Gelegenheit des Genusses milzbrandigen Fleisches oder endlich auf dem Wege der Uebertragung durch Fliegen stattfinden. Keinenfalls spielt jedoch die Uebertragung durch Fliegen die grosse Rolle, die ihr Davaine zutheilt und ebensowenig die Verschleppung des Giftes im Sinne Raimbert's, wornach die Fliegen nicht durch ihren Stich, sondern durch ihre Glieder (Füsse, Flügel) das Gift von einem Thiere auf das andere übertragen.

Wir haben ferner bei Besprechung der Enzootie zu Werikon feststellen können, dass auch der Stallboden nicht diejenige Wichtigkeit als Ansteckungsherd besitzt, als man hie und da anzunehmen geneigt ist. Ebensowenig ist es uns gelungen in dem Trinkwasser die Quelle der Infection zu finden, wie es von Bender (l. c.) angenommen wurde.

Für die geringe Contagiosität des Milzbrandes lässt sich geltend machen, dass bei Gelegenheit der vielfach angestellten Impfversuche zufällige Ansteckungen nicht beobachtet werden. So erzählt Brauell [2]) unter Anderem, dass bei seinen grossen Versuchsreihen ungeimpfte Thiere oft längere Zeit mit geimpften erkrankten und umgestandenen in demselben Raume zusammenstanden, ohne dass jemals die Erkrankung eines ungeimpften Thieres beobachtet wurde.

Ich habe nun bei meinen Versuchen eine gegentheilige Erfahrung gemacht, welche die Contagiosität des Milzbrandes sehr prägnant illustrirt und gleichzeitig als ein Beweis für die Richtigkeit meiner Aufstellungen über die Genese der Enzootie

---

[1]) Comptes rendus LXIX. Nr. 15. 1869.

[2]) Virchow's Archiv B. XIV. p. 434.

zu Werikon gelten mag. Das Thatsächliche dieses wichtigen Falles von spontaner Infection ist folgendes:

XXX. 4 März 1872. Apoplectiformer Milzbrand bei einem Ziegenbock. Spontane Infection durch Aufenthalt in einem Stalle, in dem vorher ein an Impfmilzbrand erkranktes Thier gestanden hatte. — Im Blute die charakteristischen Milzbrandbacterien.

Einem $^3/_4$jährigen gesunden Ziegenbocke wurde am 1. März 1872 zum Zwecke eines anderweitigen Versuches etwas Saft einer kranken Rindslunge (Lungenseuche) theils subcutan am linken Oberschenkel, theils direct in die Luftröhre injicirt. Zu letzterem Zwecke wurde eine kleine Hautwunde an der Vorderseite des Halses gemacht, welche durch mehrere Secturen sorgfältig vereinigt wurde.

Das Thier zeigte darnach keine Krankheitserscheinungen, war von gewohnter Munterkeit und guter Fresslust. Die regelmässig vorgenommenen Temperaturmessungen zeigten keine Abnormität, kein Fieber und noch am 3. März Morgens 10 Uhr war die im After gemessene Temperatur vollkommen normal, wie auch im übrigen Befinden des Thieres keine Veränderung bemerkt werden konnte. Um 11 Uhr erfolgte plötzlich der Tod.

Die Section, welche 21 Stunden nach dem Tode, am 4. März Morgens 8 Uhr an dem vollkommen frisch erhaltenen Cadaver vorgenommen wurde, ergab folgenden Befund:

Mässig genährtes, kräftig gebautes Thier. Nach Entfernung der Haut finden sich die Impfstellen am linken Oberschenkel sowie die Halswunde und deren Umgebung kaum verändert, nur leicht geröthet. In der Maulhöhle, im Rachen und Schlund nichts Abnormes. Die Schleimhaut des Kehlkopfes und der Luftröhre mässig geröthet; an der Injectionsstelle keine besondere Veränderung. In den grösseren Bronchien findet sich reichlicher blutiger Schaum. Die Schleimhaut daselbst ebenfalls etwas injicirt und leicht verdickt.

Die Lungen von gehöriger Grösse, Oberfläche normal. Auf der Schnittfläche erscheint das Gewebe blut- und saftreich, von dunkelbraunrother Farbe und durchweg lufthaltig.

Im Herzbeutel etwas blutiges Serum. Die Herzkammern sowie die grösseren Gefässe enthalten dunkelbraunrothes, theils flüssiges theils locker geronnenes Blut. Die Herzklappen, das Endo- und Pericardium sowie der Herzmuskel ohne Veränderung.

Die Milz ist unbedeutend vergrössert, von sehr weicher Consistenz und dunkelbraunrother Farbe. Die Leber von schlaff welker Beschaffenheit, graubrauner Farbe, ziemlichem Blutreichthum und grosser Brüchigkeit. Die Gallenblase ist prall gefüllt mit dünnflüssiger gelber Galle. Die Nieren sehr blutreich, welk und auf dem Durchschnitte von trübem undurchsichtigen Aussehen.

Die 3 ersten Magen enthalten dickbreiige grüne Futtermassen, ebenso der Labmagen. Die Schleimhaut allenthalben von graubraunrother Farbe, etwas ödematös und im Labmagen mit einigen Ecchymosen versehen. Im Dünn- und Dickdarme reichlicher dünnflüssiger Inhalt, die Schleimhaut sehr brüchig, ausserdem normal.

Bei der mikroskopischen Untersuchung des Blutes, welches in keiner Richtung Spuren von beginnender Fäulniss oder Zersetzung zeigte, finden sich die charakteristischen Milzbrandbacterien in grosser Masse.

Nach dem erzählten Befunde kann es keinem Zweifel unterliegen, dass wir es hier mit einem Falle von Milzbrand zu thun haben. Ich hebe noch ausdrücklich hervor, dass die kleinen operativen Eingriffe, die an dem Thiere 3 Tage vor seinem Tode vorgenommen wurden, mit vollkommen reinen Instrumenten vorgenommen wurden, eine directe Inoculation des Milzbrandgiftes auf diesem Wege also mit grosser Sicherheit ausgeschlossen werden kann. Dagegen war das Thier neu in den Stall eingestellt worden, wo 6 Tage vorher, am 24. Februar, ein anderer Ziegenbock (Fall XVI. Impfung 4) an Impfmilzbrand zu Grunde gegangen war. Die angeordnete

Reinigung und Desinfection war, wie sich herausstellte, von dem Wärter in höchst ungenügender Weise vorgenommen worden und so erklärt sich die Infection mit dem Milzbrandgifte, welches offenbar noch am Boden und den Wandungen des Stalles haftete, auf die einfachste Weise. Dass das Gift entweder mit der Nahrung oder mit der Athmungsluft in den Körper aufgenommen wurde und nicht auf dem Wege der kleinen Halswunde, scheint mir daraus hervorzugehen, dass weder hier noch an der Impfstelle des Hinterschenkels eine Veränderung (Karbunkel) nachzuweisen war, die man bei einer derartigen Infection erwarten konnte. In hohem Grade auffallend muss es jedoch bleiben, dass das Thier nicht die geringsten Krankheitssymptome namentlich keine Veränderung der Temperatur zeigte bis kurz vor seinem Tode. Es gehört daher dieser seltene Fall zu jener Gruppe von Milzbrandfällen, die man als apoplectische zu bezeichnen gewohnt ist.

Auch Davaine[1]) sah ebenso wie Brauell bei einer grossen Zahl von Thieren (Kaninchen, Meerschweinchen, Ratten, Mäuse), welche denselben Stall wie seine mit Milzbrandblut geimpften Thiere bewohnten, niemals Milzbrand auftreten, ohne dass sie geimpft waren. Dagegen will er durch Zusammenwohnen verschiedener Thiere eine contagiöse Uebertragung der septischen Krankheit beobachtet haben, an welcher die Thiere (Kaninchen und Meerschweinchen) starben. Wenn Davaine dann in der Contagiosität der septischen Krankheit gegenüber der Nichtcontagiosität des Milzbrandes tiefe und charakteristische Unterschiede zwischen beiden Krankheiten zu finden glaubt, so bin ich auf Grund meiner Erfahrungen gerade zu dem entgegengesetzten Resultate gelangt: der obige Fall bei dem Ziegenbocke (XXX.) beweist die Contagiosität des Milzbrandes so deutlich als möglich, dagegen habe ich niemals bei einer grösseren Zahl von Fällen beobachtet, dass Kaninchen durch Zusammenleben mit septisch inficirten Thieren an Sepsis (putrider Infection) zu Grunde gingen.

---

[1]) Compt. rendus LXI. p. 368. 1865; Gazette de Paris p. 560. 1865.

Ausserdem beobachtete ich bei einer grösseren Zahl von Thieren (Schweine, Ziegen, Kaninchen, Hunde, Schwäne, Hühner und Tauben), die sich in anderen Abtheilungen meines Versuchstalles befanden, niemals irgend eine Erkrankung ohne Impfung. Man muss jedoch berücksichtigen, dass bei den meisten dieser Thiere der Milzbrand primär so gut wie gar nicht vorkömmt und dieselben grösstentheils auch gegen Impfungen sehr resistt senind.

Ich wende mich nun zur Schilderung weiterer Versuche, deren Aufgabe es war, über die Uebertragbarkeit des Milzbrandgiftes auf Thiere anderer Thierklassen Aufschluss zu geben und ausserdem die verschiedenen Wirkungen zu constatiren, welche man vermittelst verschiedener Aufbewahrungsmethoden milzbrandigen Blutes bei Impfungen beobachten kann. Wir werden dabei Anlass finden, die Tenacität des Milzbrandcontagiums sowie die Zerstörung desselben näher zu erörtern.

Von einer Reihe früherer Beobachter wurde schon auf experimentellem Wege festgestellt, dass es gewisse Thiere gibt, die gegen das Milzbrandgift eine grosse Resistenz besitzen.

So hat Brauell[1]) nachgewiesen, dass Schweine für das ihnen eingeimpfte von Herbivoren stammende Milzbrandcontagium keine Empfänglichkeit haben. Die allgemeine Annahme, wornach Schweine bei innerem Genusse von milzbrandigen Theilen eine grosse Empfänglichkeit für Milzbrand zeigen, bezieht sich wohl nicht auf den ächten Milzbrand, sondern auf diejenige Krankheit der Schweine, welche als Rothlauf beschrieben wird. Wie wir später sehen werden, kommt der ächte Milzbrand beim Schweine wahrscheinlich gar nicht vor und Alles, was sich auf den Milzbrand der Schweine bezieht, gehört zu jener dem Schweine eigenthümlichen Krankheit, dem Rothlauf. — Brauell bewies ferner, dass Carnivoren und Vö-

---

[1]) Oesterreich. Vierteljahrschrift f. wiss. Veterinärkunde B. XXIII p. 117—129. 1865.

gel (Katze, Fuchs, Gänse, Raben, Adler) für Milzbrandimpfungen sehr wenig empfänglich sind. So hatte Brauell z. B. schon früher (1858) 10 Hunde ohne Erfolg geimpft.

Von Davaine und Anderen wurden ähnliche Erfahrungen gemacht, die ich ebenfalls durch folgende Versuche bestätigen kann:

XXXI. Impfung 5. Hund. Wiederholte Impfung mit frischem Milzbrandblute; ohne Erfolg.

Am 20. Februar 1872 wurde ein Hund mit 1 grmm. bacterienhaltigem Blut von einem am Tage vorher an Impfmilzbrand gestorbenen Kaninchen subcutan am Rücken geimpft. Das Thier blieb vollkommen gesund und das wiederholt untersuchte Blut zeigte mikroskopisch keine Bacterien.

Nach 9 Tagen -- am 29. Februar — wurde an demselben Thiere eine zweite Infection versucht und zwar so, dass demselben 1 grmm. bacterienhaltiges Blut von einem an apoplectischen Milzbrande gestorbenen Rinde (XII.) direct in die linke Drosselvene injicirt wurde. Das Thier zeigte in den nächsten Tagen ausser einer gewissen Depression und Schwäche keine krankhaften Veränderungen und erholte sich rasch wieder. Das öfters und zuletzt am 3. März untersuchte Blut war bacterienfrei.

XXXII. Impfung 6. Taube. Ohne Erfolg.

Am 24. Februar 1872 wurde eine Taube mit 0,25 grmm. bacterienhaltigen Blutes von einer milzbrandigen Ziege (XVI.) geimpft. — Das Thier bleibt vollkommen gesund.

XXXIII. Impfung 7. Huhn. Ohne Erfolg

Am 1. März 1872 wurde ein Huhn mit 0,5 grmm. von einem an apoplectischen Milzbrand umgestandenen Rinde (XII.) subcutan geimpft. Das Thier bleibt gesund.

Diesen absichtlichen Versuchen kann ich zwei weitere unfreiwillige hinzufügen, deren Objecte einer meiner Schüler und meine Person bildeten.

Der erstere war mit einer ziemlich bedeutenden Verletzung an der Hand damit beschäftigt, unter meiner Leitung den plötzlich verstorbenen Ziegenbock (XXX.) zu seciren, als erst während der Section durch die mikroskopische Untersuchung die Diagnose auf Milzbrand gestellt wurde. Die Wunde wurde sofort gehörig gereinigt, mit Essigsäure geätzt und heilte ohne irgend welche Complication.

Der zweite Fall ist folgender: Als ich die Section eines milzbrandigen Ochsen (IX.) beendet hatte, bemerkte ich bei Reinigung der Hände am linken Daumen eine nicht unbedeutende leicht blutende Verletzung, die ich mir wahrscheinlich während der Section unbemerkt zugezogen hatte. Obgleich meine Hände mindestens $^3/_4$ Stunde mit Milzbrandblut bedeckt waren und Gelegenheit genug zu einer Infection gegeben war, zeigte die Wunde, die ich in Ermangelung eines Aetzmittels nur mit Wasser reinigte und etwas aussaugte, keine weitere Veränderung, sondern heilte in einigen Tagen ohne weiteres Zuthun.

Abgesehen von anderweitigen Erfahrungen verstehe ich demnach nicht, wie Korányi dazu kömmt, den Menschen als eminent disponirt zum Milzbrande zu bezeichnen. Ich meine gerade im Gegentheil, dass der Mensch wie die Carnivoren und Omnivoren überhaupt gegenüber der vielfachen Gefahr der Ansteckung eine sehr geringe Disposition besitzt. Dafür spricht auch die grosse Zahl von Heilungen sowie der milde Verlauf zahlreicher Fälle von Milzbrand beim Menschen.

Ebenso wie die Uebertragungsversuche auf Hund und Vögel blieben auch diejenigen auf Batrachier ohne Erfolg:

XXXIV. Impfung 8. Frosch.

Einem kräftigen Frosche wurden am 20. Februar 1872 2 Tropfen bacterienhaltigen Blutes von einem milzbrandigen Kaninchen (XIV.) subcutan am Rücken eingeimpft. Das wiederholt in den nächsten Tagen untersuchte Blut zeigte keine Veränderung. Der Tod erfolgte nach 14 Tagen, ohne dass sich bei der Section eine auf Milzbrand bezügliche Veränderung nachweisen liess.

XXXV. Impfung 9. Frosch.

Ein Frosch wurde am 20. Februar 1872 in Wasser gebracht, welches mit einigen Tropfen bacterienhaltigen Milzbrandblutes vermischt war. Oefters angestellte Blutuntersuchungen vom lebenden Thiere waren von negativem Resultate. Das Thier bleibt gesund.

XXXVI. Impfung 10. Frosch.

Ein Frosch wurde am 1. März 1872 mit 0,25 grmm. bacterienhaltigen Milzbrandblutes von einem milzbrandigen Rinde (XII.) geimpft. Die nach 2 Stunden vorgenommene mikroskopische Untersuchung des Blutes ergab keine Veränderung. Nach 4 Tagen wurde das Thier todt gefunden; bei der Section fand sich blutig-seröser Inhalt in der Bauchhöhle, dagegen im Blute keine Milzbrandbacterien.

Im Anschlusse an die Ergebnisse anderer Beobachter bestätigen diese Versuche, dass Hunde, Vögel und Amphibien[1]) für das Milzbrandgift, wenn es auf dem Wege der Impfung übertragen wird, keine Empfänglichkeit besitzen; besonders die Hunde widerstehen wiederholten Infectionen, auch wenn das Gift direct in das Blut injicirt wird.

Ich lasse nun die Impfungen folgen, wobei das Milzbrandblut auf verschiedene Weise aufbewahrt verwendet wurde:

XXXVII. u. XXXVIII. Impfungen 11 und 12. Kaninchen.

2 Kaninchen werden am 9. März 1872 mit je 0,5 grmm. in beginnender Fäulniss begriffenen Blutes von einem milzbrandigen Rinde (XII.) subcutan geimpft. Das Blut war 11 Tage in einem verschlossenen Glase aufbewahrt worden und zeigte mikroskopisch keine Milzbrandbacterien, dagegen ein-

[1]) Auch Davaine machte an Fröschen zahlreiche Impfversuche.

zelne bewegliche Fäulnissbacterien. Beide Thiere bleiben gesund.

XXXIX. Impfung 13. Hund.

Demselben Hunde (XXXI), welcher die wiederholten Infectionen mit frischem Milzbrandblute ohne Schaden überstanden hatte, wurde am 10. März 1872, also 10 Tage nach der Injection in der Drosselvene, 2 grmm. faules Milzbrandblut (von Fall XII.) in die Drosselvene injicirt. Der Tod erfolgte nach 24 Stunden. Bei der Section fanden sich die Veränderungen, wie sie der putriden Infection zukommen: Trübe Schwellung der paremchymatösen Organe, leichte Milzvergrösserung, blutiger Darminhalt, hämorrhagische Enteritis. Im Blute keine Milzbrandbacterien, dagegen vereinzelte kleinere Fäulnissbacterien.

XL. Impfung 14. Kaninchen.

Von eingetrocknetem Milzbrandblute (XII.), welches auf einem Uhrglase 25 Tage lang an offener Luft aufbewahrt war und mikroskopisch zahlreiche charakteristische Milzbrandbacterien jedoch in beginnendem Zerfalle enthielt, wurde durch Zusatz destillirten Wassers eine Lösung bereitet und davon 1 grmm. einem Kaninchen am 21. März 1872 subcutan injicirt.

Das Thier zeigte keine Störung seines Befindens und bleibt vollkommen gesund.

XLI. Impfung 15. Kaninchen.

Ein Stück Milz von einem an apoplectischen Milzbrand gestorbenen Rinde (XII) wurde drei Fuss tief in einer Wiese verscharrt Nach 24 Tagen wurde dieselbe ausgegraben, eine kleine Partie der höchst übelriechenden Masse, in welcher zahlreiche Fäulnissbacterien sich fanden, mit destillirtem Wasser zerrieben und am 22. März 1872 ein Gramm dieser Flüssigkeit einem Kaninchen subcutan injicirt.

Der Tod erfolgte nach 36 Stunden. Die Section ergab die Veränderungen der putriden Infection. Im Blute und in allen Organen Fäulnissbacterien.

XLII. Impfung 16. Kaninchen.

Ein Kaninchen wird am 10. April 1872 derart mit eingetrocknetem Milzbrandblute (XVI) geimpft, dass eine Leinwandfaser mit so getrocknetem, 42 Tage altem Blute an der rechten Seitenbrust unter die Haut gezogen wurde.

Das Thier zeigte nicht die geringste krankhafte Erscheinung und bleibt vollkommen gesund.

XLIII und XLIV. Impfungen 17 und 18. Katzen.

Zwei junge, ungefähr 8 Tage alte Katzen wurden am 9. April 1872 mit je 0,25 Gramm in destillirtem Wasser gelöstem, 41 Tage altem, an Pferdshaaren und Leinenfasern eingetrocknetem Milzbrandblute geimpft.

Die Thierchen zeigten keine krankhaften Erscheinungen und erhalten am folgenden Tage zum zweiten Male je 0,5 Gramm derselben Solution subcutan.

Die wiederholt vorgenommene Blutuntersuchung ergab keine Veränderung.

Nach 2 Tagen mussten die Thiere wegen Schwierigkeit in der Fütterung getödtet werden. Ausser einem mässigen Hydrops ascites fand sich keine wesentliche Veränderung, namentlich war das Blut normal.

Aus den zuletzt aufgeführten Impfversuchen (XXXVII bis XLIV) ergibt sich, dass faules Milzbrandblut niemals Milzbrand erzeugt; entweder bleiben die Thiere bei solchen Impfungen gesund oder sie sterben durch putride Infection (Septicämie). Die Wirkung ist dieselbe, ob man das Blut in geschlossenen Behältern aufbewahrt oder unter die Erde eingräbt.

Ferner waren die Impfversuche mit langsam eingetrocknetem und aufgeweichtem Milzbrandblute — mochte die Eintrocknung auf offenen Uhrschalen oder an Haaren oder Leinwandfasern geschehen — immer ohne Erfolg[1]). Die negativen

[1]) Eine Reihe weiterer Impfversuche mit eingetrocknetem Milzbrandblut, in welchem die charakteristischen Bacterien noch zum Theil

Impfresultate wurden im letzteren Falle auch dann beobachtet, wenn noch Milzbrandbacterien in derartig eingetrocknetem Blute vorhanden waren.

Aus diesen Versuchen folgern zu wollen, dass das Milzbrandblut durch Eintrocknen seine Virulenz einbüsse, wäre vollkommen im Widerspruche mit dem Resultate anderer Versuche mit eingetrocknetem Blute, wie wir sie namentlich von Davaine kennen.

Wenn man erwägt, dass die äussere Temperatur zur Zeit der Eintrocknung des oben verwendeten Blutes eine sehr niedere war und demnach die Austrocknung ziemlich langsam vor sich gehen musste und ferner noch, dass überhaupt das Blut erst einige Tage (3—5) nach dem Tode der milzbrandigen Thiere der Eintrocknung ausgesetzt wurde, so gelangt man ohne Schwierigkeit zu der Annahme, dass dasselbe in Folge dieser Umstände bei Beginn und während der Dauer der Eintrocknung in Fäulniss übergegangen war. Immer, wenn die erzählten Impfungen erfolglos waren oder putride Infection erzeugten, waren die charakteristischen Milzbrandbacterien entweder schon in beginnendem Zerfall oder vollkommen verschwunden und durch Fäulnissbacterien ersetzt. Ich glaube also meine negativen Resultate durch Fehler in der Methode des Eintrocknens erklären zu dürfen. Dasselbe dürfte von den Versuchen gelten, bei welchen Bouley (l. c.) in seinem Berichte zu dem Schlusse gelangte, dass eingetrocknetes bacterienhaltiges Milzbrandblut seine Infectionsfähigkeit durch Austrocknen verliere und dieselbe beim Aufweichen in Wasser nicht wieder gewinne.

Wir kommen nun zur Frage von der Uebertragbarkeit des Milzbrandgiftes durch den Fleischgenuss.

Während der Genuss milzbrandigen Fleisches von vielen Autoren für höchst gefährlich gehalten wird und namentlich Milzbrandfälle beim Hund, Geflügel und bei Schweinen auf diese

---

erhalten waren — 3 Monate nach der Eintrocknung — konnte nicht mehr oben eingereiht werden; ich bemerke nur, dass sie ebenfalls von negativem Erfolge begleitet waren.

Art entstehen sollen, wird von Anderen der Genuss milzbrandigen Fleisches als vollkommen unschädlich bezeichnet. Renault[1]) hat schon vor längerer Zeit durch langjährige Versuche und Beobachtungen constatirt, dass der ansteckende Stoff des Milzbrandes in den Verdauungsorganen des Hundes, des Schweines und des Huhnes seine schädlichen Eigenschaften verliert, während bei Schafen, Ziegen und Pferden auf diese Weise oft Ansteckung entstehe. Ferner wies Renault nach, dass ausser anderen Krankheitsgiften auch das Milzbrandgift durch Kochen oder Braten zerstört werde und dass derartig zubereitete Reste milzbrandkranker Thiere ohne Schaden zum Genusse dienen können.

Weiter hat Colin[2]) eine grössere Reihe von Fütterungsversuchen gemacht. Er kam zu dem Resultate, dass Hunde, Schweine, Kaninchen und Vögel, die mit dem Fleisch oder Blut milzbrandkranker Thiere gefüttert wurden, niemals auf diesem Wege angesteckt wurden. Um zu beweisen, dass die Magenverdauung die Ansteckungsfähigkeit des milzbrandigen Fleisches vernichtet, fütterte Colin einen mit einer Magenfistel versehenen Hund längere Zeit hindurch mit derartigem Fleische. Einige Zeit nach der Fütterung entfernte er durch die Fistel das Fleisch aus dem Magen und die damit vorgenommenen Impfversuche blieben erfolglos. Ebenso gelang es Colin auf dem Wege der künstlichen Verdauung mit Magensaft die Virulenz und Contagiosität milzbrandiger Theile (Fleisch und Blut) zu zerstören.

Die von mir an Hunden angestellten Fütterungsversuche geschahen mit dem noch theilweise warmen Fleisch und Blut milzbrandkranker Thiere.

XLV. und XLVI. Fütterungsversuche 1. und 2.

Zwei Hunde wurden zu verschiedenen Zeiten mit grossen Quantitäten frischen Muskelfleisches, welches überdies mit bac-

---

[1]) Récueil de méd vét. 1851. p. 873.

[2]) Compt. rend. LXVIII. Nr. 3. 1869.

terienhaltigem Blute durchtränkt wurde, gefüttert, zum ersten Male am 24. Februar 1872 von einem an Impfmilzbrand gestorbenen Ziegenbock (XVI), zum zweiten Male am 4. März 1872 von einem an apoplectischen Milzbrand gestorbenen Ziegenbock (XXX).

Beide Hunde zeigen nicht die geringste Störung ihres Befindens.

Dieses negative Resultat, welches sich denjenigen von Renault und Colin anschliesst, kann um so weniger auffallen, als Hunde, wie früher von Anderen und oben von mir nachgewiesen, selbst für direkte Impfung des Milzbrandgiftes gar keine oder jedenfalls eine äusserst geringe Disposition besitzen. Aus den Versuchen von Renault scheint hervorzugehen, dass die Carnivoren (Hund), Omnivoren (Schwein) und Geflügel ohne Schaden milzbrandiges Fleisch geniessen können, während die Pflanzenfresser (Schaf, Pferd und Ziege) auf diesem Wege einer Infection zugänglich sind. Es steht also die Gefahr einer Infection vom Verdauungskanale bei den Pflanzenfressern parallel der Disposition zur spontanen Erkrankung am Milzbrand, sowie zur Ansteckung durch Impfversuche und umgekehrt verhält es sich bei den Omnivoren und Carnivoren, deren geringe Empfänglichkeit für Impfversuche besonders von Brauell constatirt wurde. Wie wir später sehen werden, gehört das Schwein entgegen den geläufigen Vorstellungen zu denjenigen Thieren, die für den Milzbrand so gut wie keine Disposition besitzen, bei denen überhaupt das Vorkommen des spontanen Milzbrandes sehr zweifelhaft ist. Damit stehen auch die Ergebnisse der Colin'schen Fütterungsversuche im Einklange. Entgegen den negativen Versuchen Colin's gelang es Davaine bei Kaninchen durch Fütterung mit milzbrandigen Theilen Milzbrand zu erzeugen. Demnach verhalten sich Kaninchen in dieser Richtung ebenso wie die übrigen Pflanzenfresser. Die einzige Erfahrung, die mir in dieser Beziehung zu Gebote steht, wurde früher erwähnt: Eine Kuh, die wiederholt in dem Denzler'schen Stalle zu Werikon Nachbarin milzbrandkranker Thiere gewesen, leckte bei Gelegenheit eines Aderlasses milzbrandiges Blut auf, ohne zu erkranken.

Bei dem grossen Interesse, welches sich an die Frage der Schädlichkeit oder Nichtschädlichheit des Genusses milzbrandiger Theile sowohl für den Fleischfresser als für den Pflanzenfresser knüpft, bedaure ich sehr, in dieser Richtung keine grössere Zahl von Versuchen angestellt zu haben.

Nach alledem glaube ich sind wir berechtigt, vorläufig anzunehmen, dass der Genuss milzbrandiger Theile für den Fleischfresser (Hund), die Omnivoren (Schwein und Geflügel) sowie für den Menschen, was die Gefahr einer Infection vom Darmkanale oder Magen aus betrifft, unschädlich ist, besonders wenn das Fleisch nach den gebräuchlichen Methoden zubereitet (Einpökeln, Kochen, Braten) genossen wird.

Damit ist jedoch nicht gesagt, dass man vom sanitätspolizeilichen Standpunkte den Verkauf derartigen Fleisches gestatten dürfe. Wie wir bei Besprechung der Prophylaxis des Milzbrandes darzulegen versuchen werden, sind für die Beantwortung dieser Frage andere Gesichtspunkte massgebend und diese führen uns ohne Weiteres zum strengsten Verbot des Fleischgenusses milzbrandiger Theile.

VI.

Zur Symptomatologie, pathologischen Anatomie, Therapie und Prophylaxis des Milzbrandes der Hausthiere.

Bei Erzählung der Enzootie zu Werikon wurde erwähnt, dass in jener Gegend, im Glattthale vereinzelte Fälle von Wechselfieber beim Menschen vorkommen.

Entsprechend ihrer inneren Natur als wahre Malariakrankheiten finden sich Milzbrand und Wechselfieber immer nebeneinander und nach Heusinger (l. c. p. 375) sind beide Krankheiten in ihrem allgemeinen Vorkommen die unzertrennlichsten Krankheiten: wo die Wechselfieber allgemein und gar bösartig vorkommen, da fehlt gewiss der Milzbrand nicht und umgekehrt, wo der letztere enzootisch herrscht, da fehlt es gewiss nicht an Wechselfiebern. Kurz das Zusammenvorkommen dieser beiden Krankheitsformen ist nach Heusinger eine ganz allgemeine Erscheinung.

Entsprechend dieser genetischen Verwandtschaft beider Krankheiten hat man auch im Verlaufe eine Analogie festzustellen versucht und es finden sich die Angaben älterer Autoren über diesen Punkt bei Heusinger (l. c. p. 528—531) zusammengestellt. Es wurden darnach von vielen Beobachtern (Lappe, Veit, Haupt, Hurtrel d'Arboval, von Haubner bei Schafen, von Petit beim Rinde) intermittirende Formen des Milzbrandes beschrieben; von Lafore wurde sogar der Milzbrand auf Grund seiner Beobachtungen für eine febris intermittens maligna erklärt.

Die Schwierigkeit der Feststellung dieses intermittirenden Verlaufes des Anthrax liegt nach Heusinger einmal in der Kürze der Intermissionen, die schon nach ½, 1, 2, manchmal auch erst nach 6—12 Stunden zurückkehren, ferner in dem Fortbestehen gewisser organischer Veränderungen (blutige und sulzige Extravasate, Veränderung der Milch, der Secretionen) während der Intermissionen. Ausser beim Menschen kommt nach Heusinger diese intermittirende Form bei Pferden, Ochsen, Ziegen und Schweinen vor.

Das anfallsweise Anftreten des Milzbrandes wird von einem der zuverlässigsten neueren Autoren, von Röll allerdings zugestanden; jedoch gibt er an[1]), von einem vollständigen Zurücktreten der Krankheitserscheinungen in den Zwischenräumen der Anfälle — von der sogenannten intermittirenden Form des Anthrax noch kein einziges Beispiel gesehen zu haben.

Unter diesen Umständen muss es von einigem Interesse sein, einen genau beobachteten derartigen Fall, den man in die Reihe der intermittirenden Anthraxformen stellen kann, näher zu besprechen.

Schon bei der Schilderung der Enzootie zu Werikon sind einzelne Fälle aufgeführt, bei denen abwechselnd Besserung und Verschlimmerung auftraten. (Fall IV, VIII und IX). Im Fall VIII kann man von einer wirklichen Intermission reden, da bei dem thermometrisch verfolgten Verlaufe das Thier, welches am Morgen der Erkrankung noch gesund dann plötzlich die charakteristischen Erscheinungen gezeigt hatte und sehr hohe Temperatur messen liess, eine derartige Intermission in den Erscheinungen zeigte, dass man das Thier als vollständig wieder hergestellt betrachtete. Nach dem Aufhören der heftigen Krankheitserscheinungen dauerte die ausgesprochene Intermission einen vollen Tag. Mit einem neuen Anfalle treten die

---

[1]) Lehrbuch der Path. und Therapie der Hausthiere. 3. Aufl. 1867. B. I. p 417.

Symptome des Milzbrandes wieder mit der früheren Heftigkeit auf und in kurzer Zeit erfolgte der lethale Ausgang. In ähnlicher Weise findet sich bei Erzählung des Krankheitsverlaufes bei einem Ochsen (IX), dessen Blut dann zu verschiedenen Impfversuchen verwendet wurde, eine nahezu eintägige Intermission erwähnt.

Der wichtigste Fall, welcher (X) den vorläufigen Abschluss der Enzootie zu Werikon gebildet und an jener Stelle bereits Erwähnung gefunden, verlief folgendermassen[2]):

X. Intermittirender Milzbrand beim Rind.

Am Morgen des 9. März zeigte ein $2^1/_2$ jähriges wohlgenährtes Rind, welches erst 5 Tage vorher eingekauft und in denselben Stall eingestellt wurde, wo 3 Wochen vorher ein milzbrandiger Ochse (IX) gestanden war, verschiedene krankhafte Erscheinungen, welche bei dem Besitzer Denzler den Verdacht auf Milzbrand erweckten und ihn veranlassten, die ärztliche Hülfe des Herrn Bezirksthierarztes Egli in Anspruch zu nehmen. Derselbe fand bei dem Thiere dieselben Symptome wie bei den früheren Milzbrandfällen, nämlich Mangel an Fresslust, eine ziemliche Schwäche, Traurigkeit, Muskelzuckungen und ausserdem mit Blutspuren gemischten Koth. In Folge telegraphischer Benachrichtigung von Seiten des Herrn Egli wurde es mir ermöglicht, diesen Fall mit meinen Schülern selbst beobachten zu können.

Bei meiner Ankunft Mittags 12 Uhr zeigte das Thier die erwähnten Erscheinungen; besonders das Zittern und die Muskelzuckungen traten nach verschiedenen Zwischenräumen anfallsweise auf. Diese convulsivischen Bewegungen der Extremitäten (klonische Krämpfe) befielen abwechselnd bald die eine bald die andere Extremität. Der betreffende Fuss wurde dabei förmlich in die Luft geschleudert und blieb in krampfhaften Zuckungen manchmal $^1/_2$—1 Minute in dieser Stellung; ausserdem waren Muskelzittern und eigenthümlich zitternde Bewegungen

---

[2]) Vergleiche Fall X. der Enzootie zu Werikon.

des Schwanzes zu bemerken. Die aus der Drosselvene und aus dem Ohre entnommenen Blutproben ergaben bei der mikroskopischen Untersuchung keine Veränderung, namentlich keine Bacterien. Dagegen fand sich der dickbreiige Koth mit blutigem Schleim bedeckt.

Die geschilderten Erscheinungen[1]) nahmen ebenso wie die Temperatur und Pulsfrequenz fortwährend ab; ein vollkommener Nachlass der krankhaften Erscheinungen war von 1—6 Uhr Nachmittags zu constatiren. Um 3 Uhr Nachmittags waren Pulsfrequenz und Temperaturhöhe ziemlich normal; von da beginnt beides wieder zu steigen. Um 6 Uhr Abends, ziemlich genau 12 Stunden nach dem ersten Anfall betrug die Temperatur 40,3 ° C., Puls 72, Respiration 22, Hörner und Ohren fühlen sich kalt an, die Nasenschleimhaut und die Bindehaut des Auges sind sehr stark geröthet, man beobachtet einen starken Schüttelfrost. Um 7 Uhr erreicht der Anfall seinen Höhepunkt, die Temperatur beträgt 41,0 ° C., der Puls 74, die Ohren heiss, die Hörner kalt; dabei frisst das Thier mit ziemlichem Appetit das vorgelegte Futter und zeigt hie und da sogar Wiederkauen.

Dann beginnt wieder ein Nachlass der Erscheinungen in jeder Richtung: Pulsfrequenz und Temperatur sinken auf 66 und 39,8 ° C. Mit dem Beginn des dritten Anfalls um 2 Uhr Nachts zeigt das Thier einen starken Schüttelfrost, Muskelzittern, sämmtliche Extremitäten (Fussenden, Hörner, Ohren) fühlen sich kalt an, ebenso die ganze übrige Körperoberfläche. Temperatur, Puls- und Respirationsfrequenz steigen und erreichen um 4 Uhr Morgens, 9 Stunden nach dem letzten Fall wieder ihren Höhepunkt: Temperatur 41,0, Puls 78; die Respiration ist sehr beschleunigt; das Thier zeigt eine grosse Schwäche und

---

[1]) Die genaue Krankengeschichte dieses Falles verdanke ich der Aufopferung meiner beiden Schüler, der Herren Ferdinand Kaufmann und August Bär, welche sich freiwillig der Mühe unterzogen, einen ganzen Tag und eine Nacht hindurch obigen Fall zu beobachten und stündliche Temperaturmessungen und Pulszählungen vorzunehmen

liegt fortwährend am Boden. Nachdem das Froststadium, verbunden mit Muskelzittern, Kälte der Körperoberfläche 2 Stunden angedauert, werden allmählig die Extremitäten wieder wärmer, das Zittern geringer und mit der Exacerbation dieses dritten und letzten Anfalles ist das Kältestadium beendigt. Die Ohren werden wieder sehr heiss, ebenso die Fussenden, das Zittern verschwindet vollständig, die Athmung ist noch etwas mühsam, Puls und Temperatur sinken, das Zittern wird immer geringer, die Fresslust wird wieder vollkommen normal und am 10. März Nachmittags 3½ Uhr nach ungefähr 36stündiger Krankheitsdauer ist das Thier wieder vollkommen gesund.

Die einzelnen Anfälle ergeben sich am übersichtlichsten aus folgender Temperatur- und Pulscurve: (Fig. 5).

Wir sehen also in diesem Falle während einer Krankheitsdauer von 36 Stunden 3 Anfälle mit theilweise ausgesprochenem Frost- und Hitzestadium und den entsprechenden Intermissionen auftreten. Man könnte allenfalls einwenden, dass die Höhe der Temperatur und des Pulses zwischen den Anfällen immer noch zu bedeutend sei, als dass man von wirklichen Intermissionen sprechen könne, es seien demnach die vermeintlichen Intermissionen nur als einfache Remissionen zu betrachten. Gegen ein solches Raisonnement scheint mir zu sprechen dass das Thier in den freien Intervallen auch in den übrigen Erscheinungen das Bild vollkommener Gesundheit bot und weiter dass die Zwischenräume zwischen den einzelnen Anfällen viel zu kurz sind, als dass man ein vollständiges Herabgehen von Puls und Temperatur auf das normale Maass erwarten kann.

Der intermittirende Charakter des Milzbrandfiebers der Rinder ist übrigens auch in anderen beobachteten Fällen (VIII und IX) so deutlich ausgesprochen und es zeigten diese Thiere während der Intermissionen ein solches Bild vollkommener Gesundheit, dass man diese Form des Milzbrandes ohne Bedenken anerkennen und die Analogie mit der Intermittens des Menschen zugestehen kann.

Beiläufig sei noch erwähnt, dass zwei mit dem Aderlassblute dieses Thieres vorgenommene Impfungen auf Kaninchen von negativem Resultate begleitet waren.

XLVII. und XLVIII. Impfung 19. und 20.

Zwei Kaninchen erhielten 7 Stunden nach dem Aderlasse je 0,5 Gramm bacterienfreien Blutes von dem zuletzt erzählten Falle subcutan injicirt.

Beide Thiere blieben gesund.

Aus diesem Impfresultate folgern zu wollen, dass der erzählte Fall vielleicht gar kein Anthrax gewesen sei, dazu scheint mir jede Berechtigung zu fehlen, da meines Wissens Impfversuche mit Blut von solchen in Genesung ausgehenden Fällen überhaupt noch nie gemacht wurden und das ganze Bild der Erkrankung ein so charakteristisches war, dass ein ernstlicher Zweifel über die Anthraxnatur derselben kaum entstehen kann, wofür ich im Uebrigen auch noch die Autorität eines geübten Beobachters, des Bezirksarztes Egli anführen kann.

Für die nosologische Stellung und Einreihung der Milzbrandformen des Rindes und Pferdes, wie wir sie bisher kennen gelernt und beschrieben haben, scheint es mir zweckmässig, an dieser Stelle die Erscheinungen im Leben, sowie die Veränderungen am Cadaver in Kürze zu recapituliren und daran einige Bemerkungen anzuknüpfen.

Die vorher vollkommen gesunden Rinder zeigen plötzlich verminderte oder aufgehobene Fresslust, Milchkühe einen Nachlass oder vollkommenes Aufhören der Milchabsonderung. Der Durst ist vermehrt. Dabei fangen die Thiere an zu zittern, häufig bemerkt man schon ausgesprochenen Schüttelfrost, die Hautoberfläche ist kalt; das Kältestadium geht nach verschiedener Dauer in ein förmliches Hitzestadium über. Fast regelmässig beobachtet man klonische Krämpfe der Extremitäten, die Thiere zeigen dabei grosse Schwäche und Traurigkeit. Die Herzthätigkeit ist vermehrt, die Pulszahl steigt bis zum Doppelten der normalen Frequenz, die Temperatur ist bedeutend erhöht bis zu 41,0°

und 41,7 °. Die Exkremente nicht selten mit Blut gemischt oder vollkommen blutig und diarrhöisch.

Die geschilderten Symptome treten meist anfallsweise auf. Zwischen den Paroxysmen beobachtet man Remissionen und Intermissionen, die nur einige Stunden, manchmal 6—12—24 Stunden dauern.

Der häufig intermittirende Charakter der Krankheit tritt in dem vollkommenen Wohlbefinden der Thiere in den Intervallen sehr deutlich hervor.

Bei lethalem Ausgange wird während eines Anfalles die Athmung mühsam und keuchend (Dyspnoë), die sichtbaren Schleimhäute sind cyanotisch, die Convulsionen werden sehr heftig, manchmal entsteht Opisthotonus, die Thiere sind sehr schwach, können sich nicht mehr aufrecht erhalten, die Temperatur sinkt unter die normale Höhe[1]), die Extremitäten werden kalt, der Tod erfolgt unter den Erscheinungen der Asphyxie meistens 24 — 36 — 40 Stunden nach dem ersten Auftreten der Krankeitserscheinungen. Umgekehrt tritt in günstig verlaufenden Fällen ebenso rasch die Genesung ein, von Nachkrankheiten ist niemals die Rede.

Wenn es gestattet ist, aus einer kleineren Zahl ein Mortalitätsprocent zu berechnen — unter 15 Fällen beim Rinde trat 4 Mal Genesung ein — so beträgt die Mortalität ungefähr 70 % beim Milzbrandfieber des Rindes, eine Zahl, welche mit anderen Beobachtungen[2]) übereinstimmt.

Die sogenannten apoplectischen Formen, welche schon nach ¼—½—2 Stunden tödtlich endigen, zeigen ähnliche Erscheinungen: Die Thiere zittern, wanken, bekommen Convulsionen, die Erscheinungen der Athemnoth, sinken wie vom Schlage getroffen zu Boden und der Tod tritt in kürzester Zeit ein.

Charakteristisch ausser den erwähnten Veränderungen und

---

[1]) Mündliche Mittheilung von H. Bezirksarzt Egli.

[2]) Roidor (Journal de Méd. vét. publié à l'Ecole de Lyon. T. XIII. p. 145. 1857) beobachtete unter 260 milzbrandkranken Wiederkäuern 180 lethale Fälle = 70%.

dem höchst acuten Verlauf ist das constante Fehlen der Haut-Karbunkel.

Die wesentlichsten Veränderungen, die man bei der Section solcher Thiere findet, lassen sich so zusammenfassen:

Das Blut ist dunkel, dickflüssig, theerartig und zeigt ebenso wie das im Leben erhaltene Aderlassblut entweder keine oder nur sehr lockere Gerinnung. Sämmtliche Venen sind strotzend gefüllt. Die Milz ist regelmässig bis zum 2—3—4fachen ihres Umfanges vergrössert, in ihren Parenchym breiartig erweicht, von schwarzer Farbe. Im Darme regelmässig ein theerartig blutiger Inhalt, die Darmwandungen, besonders des Dünndarmes sind serös-hämorrhagisch infiltrirt, ebenso finden sich sulzig-blutige diffuse Infiltrationen im Netz, im Gekröse, den Gekrösdrüsen und im Gewebe der Nierenfettkapsel; in der Bauchhöhle meistens hämorrhagischer Hydrops, grössere und kleinere Blutheerde im Herzmuskel, unter dem Epi- und Endocardium, ausserdem bei weiblichen Thieren Blutheerde in den Ovarien und Bluterguss in die Uterushöhle. Darmkarbunkel sind selten. Mikroskopisch fanden sich unmittelbar nach dem Tode (ebenso im Leben) die für den Anthrax charakteristischen Bacterien im Blute, die Zahl der farblosen Blutkörperchen ist abnorm vermehrt, die rothen Blutkörperchen sind meistens von verminderter Consistenz und zeigen eine Neigung, in Haufen zusammengeklebt im Serum herumzuschwimmen.

Eine besondere Neigung zu rasch eintretender Zersetzung und Fäulniss konnte ich an den Cadavern milzbrandiger Rinder nicht bemerken. An den karbunkulösen Stellen des Darmes finden sich mikroskopisch in den bedeutend erweiterten Capillaren neben einer Anhäufung farbloser Blutkörper zahlreiche Bacterien und eine feinkörnige Masse, die förmliche Embolien verursachen.

Beim Milzbrande kleinerer Thiere (Kaninchen und Ziegen) sind die Erscheinungen im Leben und im Tode weit weniger deutlich ausgesprochen: ausser dem Befunde der Milzbrandbacterien ist die Milz nur mässig vergrössert, sulzig-blutige Ergüsse finden sich in geringerer Ausdehnung, ebenso die Blutungen. Das Blut milzbrandiger Ziegen ist in den grösseren Gefässen, wenn auch locker, geronnen. Convulsionen und Dyspnoë beobachtete ich bei einem Kaninchen unmittelbar vor dem Tode.

Die Milzbrandfälle beim Pferde, welche oben nach ihren pathologisch-anatomischen Verhältnissen geschildert wurden (Fall V. und XVII—XXVI.), zeigen im Leben ähnliche Erscheinungen wie beim Rind.

Die Thiere zeigen plötzlich grosse Schwäche, Betäubung, Blutungen in den sichtbaren Schleimhäuten, namentlich der Nase, die Erscheinungen der Athemnoth, beschleunigten Puls, erhöhte Temperatur, sogenannte Kolikerscheinungen, ausserdem Convulsionen und endlich nach wenigen Stunden bis höchstens einigen Tagen, tritt das tödtliche Ende ein. Dabei lassen sich wie beim Milzbrand der Rinder deutliche Paroxysmen, Remissionen und — allerdings weniger ausgesprochene Intermissionen — beobachten. Die sogenannten apoplectischen Anthraxfälle verlaufen und treten ebenso auf wie beim Rinde. Hautkarbunkel gehören bei diesen rasch verlaufenden Fällen zu den Ausnahmen.

Bei der Section milzbrandiger Pferde finden sich folgende Veränderungen: Das Blut ist von dunkelschwarzer theerartiger Beschaffenheit und ohne Gerinnung. Die Milz ist zum bis 4—6-fachen der normalen Grösse geschwollen, die Pulpa breiig weich und schwarzroth. Das Venensystem überfüllt, das Unterhautzellgewebe ist von braunrother Farbe, grossem Blutreichthum und auch am frischen Cadaver von schmutzig-rothgelber Farbe. Sulzig-gelbliche und serös-hämorrhagische Infiltrationen finden sich fast überall, wo lockere Bindegewebsanhäufungen sich befinden: so namentlich im retropharyngealen und laryngealen Bindegewebe, längs der grossen Halsblutgefässe, im Mediastinum, Peritoneum, in der Nierenkapsel. Die entsprechenden Lymphdrüsen, besonders im Gekröse, sind meistens serös-hämorrhagisch infiltrirt, bedeutend vergrössert und hie und da in beginnender Verschorfung. Die Darmwandung ist immer ödematös geschwellt die Schleimhaut des Dünn- und Dickdarmes von Blutungen durchsetzt, öfters mit Karbunkeln versehen, die in mehr oder weniger vorgeschrittener oberflächlicher Verschorfung begriffen sind. Der Darminhalt häufig blutig und dünnflüssig. Sämmtliche Schleimhäute des Körpers sind leicht geschwellt und geröthet. Weiter findet man Hyperämie der Lungen, kleine Blutungen im Herzen, auf den serösen Häuten und hydropische Ergüsse in den serösen Säcken. Die grossen Drüsen des Körpers — Leber und Nieren — sind meistens geschwellt, das Parenchym getrübt, succulent und blutreich (trübe Schwellung).

Im Blute finden sich dieselben Veränderungen wie beim Milzbrand des Rindes: Die charakteristischen Bacterien und die bedeutende Vermehrung der farblosen Blutkörperchen. Ebenso finden sich in den sulzig-hämorrhagischen Ergüssen des Bindegewebes und der Lymphdrüsen bedeutende Ansammlungen farbloser Blutkörperchen (zelliges Oedem).

Im Gegensatz zu dem Befunde beim Rind steht die rasche Fäulniss und Zersetzung in den Cadavern milzbrandiger Pferde, ein Unterschied, der sich jedoch auch bei anderweitigen Krankheitsprocessen beider Thiergattungen geltend macht. Dieser Unterschied ist parallel einem anderen Verhältniss: Das Rind ist zu septischen Erkrankungen (Septicämie, brandigen und putriden Processe) auffallend weniger disponirt, als das Pferd. Ueber das Mortalitätsprocent bei den acuten Milzbrandformen des Pferdes bin ich nicht im Stande, Angaben zu machen. Nach Garreau[1]) gingen von 58 an Milzbrandfieber erkrankten Pferden 42 zu Grunde = 72 %. Das Verhältniss ist also ein ähnliches wie beim Milzbrand der Rinder.

Nach dem geschilderten Verlaufe, den Erscheinungen im Leben und am Cadaver kann es keinem Zweifel unterliegen, dass sämmtliche der beschriebenen Anthraxfälle des Rindes und Pferdes in die Kategorie der sogenannten Milzbrandfieber zu rechnen sind.

Bekanntlich unterscheidet man seit Chabert[2]) zwei

[1]) Ref. von Virchow, Zoonosen p. 394.

[2]) Virchow, Zoonosen p. 391.

grössere Gruppen von Milzbrandformen, von welchen die mehr nervösen Formen als Milzbrandfieber, die mehr anatomischen als Anthrax oder Karbunkel bezeichnet werden. Während die ersteren mehr auf der Einwirkung der Malaria und des Anthraxgiftes auf das Nervensystem, die letzteren mehr auf anatomischen und chemischen Veränderungen beruhen sollen, welche durch die genannten Substanzen hervorgerufen werden, besteht ein weiterer wesentlicher Unterschied zwischen beiden in ihrem Verlaufe: Die Milzbrandfieber verlaufen höchst acut, fulminirend, dauern oft kaum einige Stunden, die karbunkulösen Formen verlaufen langsamer, bis zu 1—2 Wochen.

Anschliessend an diese althergebrachte Eintheilung unterscheidet Röll[1]) die Anthraxfieber, bei welchen es während des kurzen meist tödtlich endenden Verlaufes nicht zur Bildung von Localisationsheerden kommt, von den rothlaufartigen und karbunkulösen Formen, bei welchen in den verschiedensten Organen Localisationsheerde vorkommen. Zu der ersteren Form gehören: der apoplectische oder fulminirende Milzbrand (Erdsturz, Hexenschuss, Teufelsschuss, Apoplexia carbunculosa), ferner der furibunde Milzbrand (Milzbrandwuth, Rabies carbunculosa) und endlich der intermittirende Milzbrand (Intermittens carbunculosa). Zu den rothlaufartigen und karbunkulösen Formen, dem Milzbrand mit Localaffectionen, gehört anderseits die grosse Reihe derjenigen Anthraxformen, welche als Typhus der Pferde (Röll und Bruckmüller), als Zungenanthrax, Mastdarmkarbunkel und Karbunkelkrankheit der Rinder als Milzbrandkarbunkel und brandiger Rothlauf der Schafe, als Rankkorn (Maul- oder Gaumenanthrax) Anthraxbräune, weisse Borste und brandiger Rothlauf der Schweine bezeichnet werden.

Dass dieser Reichthum von Namen, den man noch leicht um die Hälfte vermehren könnte gerade nicht dazu dient, das Studium und die Erkenntniss der Milzbrandkrankheiten zu er-

[1]) l. c. p. 416.

leichtern, wird gewiss Niemand behaupten. Ausserdem leidet diese ganze Eintheilung an einem inneren Widerspruch, den man ohne Schwierigkeit nachweisen kann.

Gehen wir von unseren beschriebenen Fällen aus, die wir nach der geläufigen Eintheilung oben sämmtliche als Milzbrandfieber bezeichnet haben und vergleichen damit die oben gegebenen Definitionen der Milzbrandfieber, deren Charakteristikum der Mangel an Lokalisationen sein soll, so liegt der Widerspruch auf der Hand. Die pathologisch-anatomischen Befunde sämmtlicher Fälle weisen nach, dass auch beim sogenannten Milzbrandfieber, bei den acutesten Fällen, die Lokalisationen niemals fehlen: es sind dies die sulzig-hämorrhagischen Infiltrationen in den verschiedenen inneren Organen, namentlich im Bindegewebe der Bauch- und Brusthöhle, ferner die Darmkarbunkel welche genetisch und pathologisch-anatomisch sich von den äusseren Hautkarbunkeln nicht unterscheiden und ebenso wenig von den Lokalisationen am Hals, an der Zunge, am Mastdarm und an anderen Orten.

Wollte man diese Eintheilung aufrecht erhalten, so wäre es vom klinischen Standpunkte höchstens gerechtfertigt, die Anthraxfieber durch den Mangel äusserer Karbunkel zu charakterisiren, obwohl auch solche bei den sehr acut verlaufenden Fällen von Anthrax vorkommen können.

Diese Eintheilung ist demnach vom pathologisch-anatomischen Standpunkte nicht gerechtfertigt und lässt auch vom klinischen Einwendungen zu. Milzbrandfälle ohne alle Lokalaffection konnte ich — mit Ausnahme kleiner Impfthiere — noch nie beobachten und sind bei den Hausthieren jedenfalls die grössten Seltenheiten.

Wenn man die nervösen Formen des Milzbrandes als Milzbrandfieber bezeichnen will, so geschieht dies nicht mit mehr Recht, als wenn man den Abdominaltyphus des Menschen als Nervenfieber bekennt. Richtig wäre es unter allen Umständen, wenn man einmal die Lokalisationen als Eintheilungsprincip festhalten will, eine exanthematische, abdominale, pectorale Form etc. aufzustellen.

Da eine solche Eintheilung ebenfalls in vieler Beziehung zu wünschen übrig lässt, so wird man wie ich glaube, am zweckmässigsten und einfachsten verfahren, wenn man den Verlauf der Milzbrandformen als Unterscheidungsmerkmal adoptirt.

Ich würde demnach für die Milzbrandformen sämmtlicher Hausthiere folgende Formen aufstellen:

1) Der apoplectiforme Milzbrand (Anthrax acutissimus sive foudroyante), dessen Dauer nur Minuten bis zu mehreren Stunden beträgt.

2) Die acuten Milzbrandformen (Anthrax acutus), dessen Dauer von mehreren Stunden bis zu einigen Tagen beträgt.

3) Die subacuten Milzbrandformen (Anthrax subacutus). Zu diesen würden alle Milzbrandfälle zu rechnen sein, die mehr als 4—6 Tage bis zu 14 Tagen und darüber dauern, wie z. B. der Pferdetyphus.

Zu den apoplectiformen und acuten Formen würden der apoplectische, der furibunde und intermittirende Milzbrand zu rechnen sein — die Milzbrandfieber, zu den subacuten hauptsächlich die bisher als rothlaufartigen und karbunkulösen bezeichneten Fälle.

Eine unbefangene Betrachtung obiger Eintheilung wird zugestehen müssen, dass dieselbe ungezwungen aus dem Bedürfnisse nach grösserer Einfachheit und Uebersichtlichkeit hervorgegangen und nicht etwa aus einer Sucht, an Stelle alter eingebürgerter Namen neue zu setzen. Das Bedürfniss nach einer solchen einfacheren Eintheilung empfand ich am lebhaftesten bei meinen pathologisch-anatomischen Vorlesungen, wo es mir nicht gelingen wollte, den Unterschied zwischen den Milzbrandfiebern einerseits und den erysipelatösen und den karbunkulösen Formen anderseits scharf hervorzuheben.

Dass ich die bisherige Bezeichnung des apoplectischen Milzbrandes mit der des apoplectiformen vertauscht habe, kann ich damit motiviren, dass man im Gehirne derartig gestorbener Thiere niemals Apoplexien findet, während der Verlauf ein wirklich schlagartiger, den Apoplexien ähnlicher ist.

Am Schlusse dieser Betrachtungen mag es gestattet sein, einige Bemerkungen zur Therapie und Prophylaxis des Milzbrandes anzureihen. Indem ich vorausschicke, dass eine eingehende Besprechung der Therapie des Milzbrandes der Aufgabe dieser Untersuchung durchaus fern liegt, würde ich es dennoch als eine Unterlassung betrachten, wenn ich meine allerdings sehr geringen Erfahrungen auf diesem Gebiete unberücksichtigt lassen wollte.

Bei dem zuletzt näher besprochenen Falle von Milzbrand (X), welcher sich durch seinen intermittirenden Charakter auszeichnete und trotz der Heftigkeit der Erscheinungen in Genesung ausging, kam ein therapeutisches Mittel zur Anwendung, welches in neuerer Zeit von verschiedenen Seiten als sehr wirksam beim Milzbrande empfohlen wurde.

Auf meinen Rath verabreichte nämlich Herr Bezirksthierarzt Egli in jenem Falle, welcher in Genesung ausging, im Verlaufe von 24 Stunden eine Unze reiner krystallisirter Carbolsäure in wässeriger Solution in mehrstündigen Zwischenräumen. — Inwiefern die Carbolsäure an dem glücklichen Ausgang dieses Falles einen Antheil hat, will ich unentschieden lassen, da man einem vereinzelten Falle kein besonderes Gewicht beilegen darf.

Die ersten Empfehlungen der Carbolsäure gegen Anthrax gingen meines Wissens zuerst von Frankreich aus, wo Sanson und Lemaitre[1]) auf ihre günstige Wirkung aufmerksam machten. In Gegenden, wo der Milzbrand einheimisch ist, rathet Lemaitre dem Trinkwasser Phenylsäure zuzusetzen, da sich die Thiere bald an den Geschmack des Mittels gewöhnen. Sanson berichtet, dass von 4 geimpften und mit Phenylsäure behandelten Schafen nur eines starb und auch bei diesem

[1]) Virchow's Jahresbericht für 1869. B. I. p. 521. Ref. von Leisering: Rindern wurden 10 Gramm in einem Liter Wasser, Schafen 1 Gramm in einer entsprechenden Menge Wassers verabreicht. Lemaitre setzt der Säure noch etwas Alcohol (7 Gramm) zu und wendet das Mittel auch in Klystierform an.

beobachtete er einen langsamen Verlauf. Ebenso rühmt Loubeyre[1]) die Phenylsäure als Therapeuticum und Prophylacticum, indem von jenen Thieren, die mit den Kranken zusammengestanden und das Mittel erhalten hatten, keines erkrankte.

Weitere günstige Erfahrungen über die Wirkungen der Carbolsäure gegen Milzbrand wurden mitgetheilt von Gerlach[2]) und Rupprecht[3]). Letzterer schreibt der Carbolsäure eine directe Wirkung auf das Milzbrandcontagium zu.

Unter allen Umständen ist die Carbolsäure ein Mittel, welches bei der parasitären Natur des Milzbrandgiftes volle Beachtung verdient, namentlich seitdem durch neuere Versuche nachgewiesen ist, dass Carbolsäure innerlich verabreicht als solche resorbirt und ausgeschieden wird. Die Aufnahme in den Körper erfolgt rasch und nur ein Theil derselben verfällt der Oxydation, eine Thatsache, die von Salkowsky[4]) experimentell festgestellt wurde. Ferner hat Schär[5]) die energische Wirkung des Phenols auf die Gährungspilze nachgewiesen; er fand, dass Hefezellen mit 1% wässriger Phenolsäurelösung versetzt ihre sonstigen vitalen Eigenschaften verlieren. Ebenso sind nach Hoppe-Seyler[6]) die Carbolsäure wie die schwefelige Säure gegen die Entwicklung von Monaden, Vibrionen und Bacterien sehr wirksam.

Alle diese Ergebnisse fordern zu weiteren Versuchen mit Carbolsäure auf und verdienen sicher den Vorzug vor den gebräuchlichen Aderlässen, deren therapeutischer Werth in einem sehr zweifelhaften Lichte erscheint, und noch mehr vor dem neuesten ebenso kühnen als naiven Mittel, dem Milzstich, durch

---

[1]) Ibid. p. 521.

[2]) Jahresbericht der k. Thierarzneischule zu Hannover für 1869. p. 99.

[3]) Mittheilungen aus der thierärztl. Praxis im Königr. Preussen. 17. Jahrg. 1868/69. p. 81.

[4]) Pflüger's Archiv f. d. gesammte Physiologie B. V. p. 335. 1872.

[5]) Zeitschrift für Biologie B. VI. p. 467. 1870.

[6]) Medic.-chem. Untersuchungen 1871. H. 4.

welchen ein H. Joseph Raimund[1]) 90% der vom Milzbrand ergriffenen Thiere gerettet haben will (?).

Als Beitrag zur Prophylaxis des Milzbrandes gebe ich endlich den Schluss eines amtlichen Gutachtens, welches ich gemeinschaftlich mit Herrn Bezirksthierarzt Meier, Lehrer an der Thierarzneischule hier, im Auftrage der Sanitätsdirection des Kantons Zürich über die Milzbrand-Enzootie zu Werikon am 28. Februar 1872 an diese Behörde erstattete und dabei die vorgelegte Frage nach den geeignetsten Mitteln zur Beseitigung der Seuche folgendermassen beantwortete:

„— Fälle von sporadischem Milzbrande, wie sie seit einer Reihe von Jahren in den Denzler'schen Ställen zu Werikon zur Beobachtung kommen, sind erfahrungsgemäss sehr selten und weisen mit Sicherheit darauf hin, dass hier höchst localisirte Ursachen vorliegen, besonders wenn man berücksichtigt, dass die angrenzenden Ställe zu Werikon constant von dieser bösartigen Krankheit verschont bleiben. Als solche localisirte Ursachen könnte man man eine schlechte Stalleinrichtung, unzweckmässige Fütterung, schlechtes Trinkwasser und ähnliche Verhältnisse im Auge haben. Da jedoch die genannten Verhältnisse in dem Denzler'schen Anwesen keine abnormen sind oder zum mindesten nicht schlimmer, als in den übrigen Gehöften, die fortwährend verschont bleiben, so müssen hier ganz besondere Ursachen vorwalten. Nach der Ansicht der Unterzeichneten beruhen diese besonderen Ursachen mit grösster Wahrscheinlichkeit auf verschleppter Ansteckung, indem die Theile der jedesmal an Milzbrand verendeten Thiere oder die mit ihnen in Berührung gekommenen Gegenstände mangelhaft beseitigt und desinficirt werden, während das Anthraxgift monatelang seine ansteckende Wirkung behält. Es müsste also bei einem weiteren Falle von Milzbrand mit aller Strenge und womöglich unter polizeilicher Aufsicht darauf gesehen werden, dass weder von dem Fleische noch von den Eingeweiden oder

---

[1]) Bericht über d. Sitzung der Wiener landw. Gesellschaft v. Neue freie Presse Nr. 2701. 1872.

der Haut auch nur das Geringste veräussert oder in sonstiger Weise verwendet würde. Der Cadaver müsste an einem entlegenen und nicht zur Futterproduction verwendeten Platze wenigstens 6 Fuss tief unter die Erde vergraben werden. Ebenso sind Mist, Blut, sonstige Abfälle, dann die Streu von solchen Thieren zu vergraben oder zu verbrennen und es müssten alle Gegenstände — namentlich die Futter- und Tränkgeschirre, die Krippen, der Stand sowie Alles, was mit dem kranken Thiere in Berührung gekommen, sorgfältigst desinficirt oder soweit zulässig gleichfalls vernichtet werden. Die genannten Massregeln scheinen in diesem Falle um so mehr angezeigt, als der Besitzer des von Anthrax heimgesuchten Anwesens, H. Denzler, von der bösartigen und ansteckenden Natur der Krankheit nicht den mindesten Begriff hat und demgemäss handelt. So waren auch in dem Eingangs beschriebenen Falle (X.) viele Organe — Haut, Nieren, Nierenfett und Gekröse vor der Ankunft der amtlichen Experten bereits verschwunden und hatten jedenfalls irgendwie Verwendung gefunden."

Dem ist noch hinzuzufügen, dass dem Besitzer dieser Ställe der Rath ertheilt wurde, das Trinkwasser mit Carbolsäure gemischt seinen Thieren zu reichen und überdies einen Vorrath dieses Mittels im Hause zu halten, um im Falle weiterer Erkrankungen rechtzeitig im Beginne der Krankheit davon Gebrauch machen zu können.

VII.

Ueber Milzbrand beim Menschen und Mycosis intestinalis. Der Rothlauf der Schweine. Der Typhus der Pferde.

Schon bei Erzählung der Milzbrand-Enzootie zu Werikon geschah eines Milzbrandfalles beim Menschen mit lethalem Ausgange Erwähnung, welcher eine Frau B. zu Wynikon — $^1/_2$ Stunde von Werikon entfernt — betraf. Dieser sowie ein anderer in Genesung ausgehender Fall verlief nach den Berichten des H. Bezirksthierarztes Egli folgendermassen:

XLIX. 23. August 1868. Milzbrand beim Menschen.

Infection durch Verletzung an einem Knochen einer milzbrandigen Kuh. Anschwellung der verletzten Hand; Karbunkel auf der Brust und lethaler Ausgang 8 Tage nach der Verletzung.

Frau B. zu Wynikon hatte am 21. August 1868 Fleisch von einer an Milzbrand erkrankten und geschlachteten Kuh gekauft. Beim Abwaschen und Einpöckeln des Fleisches — am 23. Aug. — verletzte sich die Frau durch die scharfe Kante eines Kopfknochens an der rechten Hand. Nach 2 Tagen entwickelte sich eine sehr schmerzhafte Anschwellung dieser Hand, die sich auf den ganzen Arm fortsetzte. Dieser Zustand dauerte unter abwechselnder Besserung und Verschlimmerung eine Woche. Doch verrichtete die B. noch einen Theil ihrer gewohnten Haus- und Feldarbeiten, da sie die entzündliche Anschwellung des Armes nicht besonders anschlug. Nach Verlauf von 8 Tagen stellte sich eine bedeutende Verschlimmerung des Zustandes ein und man konnte eine karbunkulöse Anschwellung der Brust beobachten. Erst jetzt wurde ärztliche Hülfe in Anspruch genommen, jedoch vergeblich; der Tod erfolgte sehr rasch am 31. August, nachdem die ärztliche Diagnose auf Milzbrandkarbunkel gelautet hatte.

Diejenigen Personen, die von dem Fleische der betreffenden Kuh gegessen hatten, blieben gesund, ebenso der Metzger, welcher die Kuh geschlachtet hatte, obwohl er mehrere offene Wunden an seinen Händen gehabt haben soll.

Der zweite Fall, den ich ebenfalls schon erwähnte und welcher in Genesung ausging, ist kurz folgender:

L. Karbunkel beim Menschen, Heilung.

Bei der Schlachtung eines milzbrandkranken Rindes zu Werikon wurde der damit beschäftigte Bursche von einer grossen Stechfliege, welche sich auf seine mit Blut bedeckte Hand niederliess, gestochen. Schon am nächsten Tage entwickelte sich an der betreffenden Stelle ein über wallnussgrosser, sehr schmerzhafter Karbunkel. Bei zweckmässiger ärztlicher Behandlung, welche durch energische Aetzmittel den Karbunkel zerstörte, war in kurzer Zeit vollkommene Genesung eingetreten.

So lehrreich namentlich der erste Fall in mancher Richtung ist, so sind diese beiden Fälle für die Pathologie des Milzbrandes nicht weiter zu verwerthen, da im ersteren Falle keine Section gemacht wurde. Im Uebrigen beweist derselbe auf's Neue, worauf ich ebenfalls schon früher aufmerksam machte, dass der Verkauf oder die sonstige Verwerthung des Fleisches milzbrandiger Thiere unter keinen Umständen gestattet werden solle und zwar nicht wegen der directen Gefahr, die der Genuss solchen Fleisches mit sich bringt, sondern wegen der anderweitig ermöglichten Verschleppung des Milzbrandgiftes.

Ob ausser der durch Ansteckung vermittelten Form des

Milzbrandes auch eine spontane Entstehung dieser Krankheit beim Menschen vorkomme, diese für die menschliche Pathologie nicht unwichtige Frage ist bekanntlich noch immer unentschieden und mag es gestattet sein, auf diesen Punkt etwas näher einzugehen.

Nachdem Heusinger [1]) die hieher bezüglichen Angaben der Autoren wiegergegeben, neigt er sich zur Annahme, dass in unserem Klima der Milzbrandkarbunkel zuweilen beim Menschen spontan vorkömmt, wobei er sich freilich die Einwände, die gegen diese Auffassung sprechen, nicht verhehlt. Virchow [2]) ist nicht im Stande, die Beweise für die spontane Entstehung beim Menschen anzuerkennen und fügt als weiteren Einwand noch hinzu, dass durch keinen Versuch die Contagiosität dieser Formen und ihre wirkliche Identität mit dem Milzbrande hergestellt ist. Korányi [3]) hält die endgültige Entscheidung dieser Frage bis jetzt für unmöglich.

Ebenso scheint A. Hirsch die spontane Entstehung des Milzbrandes beim Menschen nicht anzuerkennen, da er des Milzbrandes in seinem Handbuche der historisch-geographischen Pathologie nirgends erwähnt.

Die Frage vom spontanen Milzbrand beim Menschen ist nun, wie mir scheint, durch eine Reihe von Beobachtungen, welche eigenthümliche durch Pilze bedingte Krankkeitsfälle betreffen, in eine neue Phase der Entwicklung getreten. Die erste derartige Beobachtung wurde von Buhl gemacht und erregte nicht ohne Grund grosses Aufsehen.

Buhl's [4]) merkwürdiger Fall betraf einen 32jährigen Mann, welcher nach kurzer Krankheit, deren wesentlichste Erscheinungen in einem choleraähnlichen Collaps und Erbrechen bestanden, gestorben war. Bei der Section fanden sich auf der

---

[1]) l. c. p. 561—571.

[2]) l. c. p. 402.

[3]) l. c. p. 169.

[4]) Mycosis intestinalis; Centralblatt f. d. med. Wiss. 1868. Nr. 1. u. Zeitschrift für Biologie B. V. p. 129. 1870.

Schleimhaut des Magens und Dünndarms zahlreiche eigenthümliche ödematöse und hämorragische, umschriebene Infiltrationen, welche meistens oberflächlich verschorft in verschiedenem Grade über die Schleimhautfläche prominirten; acuter Hydrops ascites, ödematöse Infiltration der Bauchwandung, des Gekröses, der Magen- und Darmwandung, des Mittelfells; ferner Blutungen und hämorrhagische Infiltrationen der mesenterialen, epigastrischen, retroperitonealen, mediastinalen und submaxillaren Lymphdrüsen, ein mässiger Milztumor; und endlich als wichtigster Befund Pilzfäden in der Submucosa und Subserosa des Magens und Dünndarms sowie in den meseraischen Venenästen der Pfortader, im übrigen Körperblute dagegen neben einer auffallenden Vermehrung der farblosen Blutkörper keine Pilzfäden sondern nur zahlreiche isolirte Körperchen (Conidien). Diesen seltenen Process bezeichnete Buhl als Mycosis intestinalis.

Bald darauf beschrieb Waldeyer[1]) zwei ähnliche Fälle beim Menschen. Beim ersten fanden sich furunculös-hämorrhagische Ulcerationen im Magen und Darmkanal, ein serös-hämorrhagischer Erguss in den Peritonealsack, starke Schwellung der Milz und Mesenterialdrüsen; in den hämorrhagischen Blutheerden feinkörnige amorphe Massen. — Im zweiten Falle, welcher einen Schlachthof-Futtermeister betraf, der nach 5tägiger Krankheit starb, fanden sich papulöse und pustulöse hämorrhagische Heerde der äusseren Haut, grosse diphtheritisch-hämorrhagische Heerde im Magen und Dickdarm, bedeutende Schwellung der Milz und sämmtlicher Lymphdrüsen, namentlich der meseraischen, trübe Schwellung der parenchymatösen Organe und Ecchymosen an verschiedenen Stellen. Der mikroskopische Befund war ähnlich wie in dem Falle Buhl's: In den Pfortaderästen eine grosse Menge kleiner zoogloeaähnlicher Pilzelemente und längere fadenförmige Bildungen, die aus kurzen, ungegliederten Stäbchen bestanden und ausserdem Bruchstücke dieser Fäden, den gewöhnlichen Bacterien

[1]) Virchow's Archiv f. path. An. B. LII. p. 541. 1871.

vollkommen gleichend. Im übrigen Körperblute fanden sich wie im Buhl'schen Falle keine Fäden, wohl aber eine enorme Masse ganz kleiner Zoogloeaelemente.

In der Epikrise wirft Waldeyer die Frage auf, ob diese Fälle ebenso wie der Buhl'sche nicht als ungewöhnliche Formen von Milzbrand betrachtet werden konnten, da es nicht festgestellt sei, ob der Milzbrand ausschliesslich eine Zoonose und nicht ebenso gut primär beim Menschen vorkommen könne. Dabei ist zu bemerken, dass beide Fälle Waldeyers im Leben die Erscheinungen einer hochgradigen Cyanose boten und beim zweiten Falle schon im Leben der Verdacht auf Milzbrand rege wurde.

Dann folgte eine Mittheilung von Münch[1]), welcher bei einer grösseren Zahl von Leichen an Milzbrand Verstorbener die Veränderungen qualitativ gleich wie bei Buhl und Waldeyer fand.

Endlich veröffentlichte E. Wagner[2]) vor Kurzem einen weiteren Fall von Mycosis intestinalis: Ein 38jähriger Pelzfärber starb, nach kaum eintägiger Krankheitsdauer. Die Symptome im Leben waren hauptsächlich: Kopfschmerzen, Erbrechen, blutige Stühle, epileptiforme Krämpfe, Opisthotonus, starke Injection des Gesichtes. Bei der Section fanden sich hämorrhagische in der Mitte grau-gelbliche Infiltrate der Dünndarmwandung, Vergrösserung und hämorrhagische Infiltration der zugehörigen Mesenterialdrüsen, Vergrösserung der Milz um das Doppelte, hämorrhagische Heerde der Hirnhäute und Hirnrinde, dissecirende Aneurysmen in letzterer, hydropische Ergüsse in der Brust- und Bauchhöhle. Mikroskopisch fand Wagner feine Punktmassen in den erweiterten Blutcapillaren der betreffenden Stellen des Darmes, einzelne Pilzfäden und Häufchen in den Mesenterialdrüsen, zahlreiche Pilzfäden in den Blutheerden und in den embolischen Massen der Aneurysmata

---

[1]) Centralblatt f. d. med. Wiss. 1871. p. 802.

[2]) Ein Fall von tödtl. Pilzkrankheit — Mycosis intestinalis. Zur Erinnerung an die Feier von J. Radius etc. Leipzig 1872.

dissecantia des Gehirns; im Blute feinste Körnchen und einzelne Pilzfäden.

In welcher Beziehung stehen alle diese Fälle zum Milzbrand?

Als ich im Spätherbst 1868 zum ersten Male in der pathologisch-zootomischen Anstalt des Wiener Thierarzneiinstitutes Milzbrandfälle sah, fiel mir sogleich die grosse Aehnlichkeit derselben mit jener Buhl'schen Mycosis intestinalis auf, die ich als Assistent der pathologisch anatomischen Anstalt zu München selbst zu seciren und in verschiedener Richtung unter Leitung meines verehrten Lehrers zu untersuchen Gelegenheit hatte.

Im Verlaufe weiterer Untersuchungen über den Milzbrand gewann ich die Ueberzeugung, dass jener Mycosisfall von Buhl nur als eine besondere Form des Milzbrandes beim Menschen aufzufassen sei und äusserte diese Ansicht auch im Herbste 1869 bei meiner Rückkehr nach München meinem ehemaligen Lehrer gegenüber. Selbstverständlich stelle ich damit auch die Mycosisfälle von Waldeyer und Wagner in dieselbe Kategorie. Die Gründe, die mich zu dieser Auffassung führen, lassen sich kurz entwickeln:

Die pathologisch-anatomischen Veränderungen in allen diesen Mycosisfällen sind denjenigen bei ausgesprochenem Milzbrand der Hausthiere entweder sehr ähnlich oder auch vollkommen gleich. Es bezieht sich diese Uebereinstimmung in erster Linie auf die Pilze (Schizomyceten), die sich im Blute und in verschiedenen Organen vorfanden. In dem Falle von Buhl waren die Pilzfäden identisch mit den Milzbrandbacterien ebenso in den Fällen von Waldeyer und Wagner, und namentlich des Letzteren Abbildungen der Pilzfäden passen vollkommen auf die charakteristischen Milzbrandbacterien. Im Uebrigen sehen wir eigenthümliche karbunkulöse Heerde im Verdauungsschlauche, Transsudate in den serösen Höhlen, serös-hämorrhagische Infiltrationen des peritonealen und mesenterialen Bindegewebs, hämorrhagische Infiltrationen der Gekrös- und anderer Lymphdrüsen, Blutheerde an verschiedenen Stellen des Körpers, Vergrösserung der Milz. Die kleinen Körperchen, die von Buhl und Waldeyer im Blute gefunden wurden, entsprechen offenbar den von mir als Bacterienkeime (Kugelbacterien) beschriebenen Gebilden, die sich immer neben den Cylinderbacterien, selten auch allein finden. Die Zoogloeahaufen im Magen und Darm (Buhl und Wagner) sind vielleicht als postmortale Bildungen aufzufassen.

Betrachten wir auf der anderen Seite die Erscheinungen im Leben, so lässt sich auch hier eine gewisse Analogie mit dem Milzbrande nachweisen: Das Plötzliche der Erkrankung, der rasche Verlauf, die Diarrhöen (Buhl und Wagner), die Erscheinungen der Cyanose (Waldeyer und Wagner), ferner die epileptiformen Anfälle, der Opisthotonus (Wagner); kurz die wichtigsten Symptome, die im Leben bei all' diesen Mycosisfällen beobachtet wurden, passen in den Rahmen der Erscheinungen, wie man sie beim Milzbrande der Thiere in der Regel findet.

Wenn man gleichzeitig die Mannigfaltigkeit der Milzbrandformen erwägt, die sich auch bei den Thieren geltend macht und die sichere Diagnose im Leben und am Cadaver manchmal in nicht geringem Grade erschwert, so kann dies der ausgesprochenen Meinung von der Identität der Mycosisfälle des Menschen mit dem Milzbrand der Hausthiere nur als weitere Stütze dienen. In 2 der genannten Fälle (2. Fall von Waldeyer und Wagner) war überdies der Stand der betreffenden Patienten (Schlachthoffuttermeister und Pelzfärber) einer Ansteckung durch Milzbrandgift sehr günstig; der Kranke in dem Buhl'schen Falle dagegen war, wenn ich mich recht erinnere, in einer chemischen Fabrik beschäftigt gewesen.

Was nach meiner Ansicht in den genannten Fällen die Diagnose auf die Milzbrandnatur der Krankheit erschwerte, war der Mangel an Hautkarbunkeln — nur in einem Falle Waldeyer's fanden sich papulöse und pustulöse hämorrhagische Heerde der äusseren Haut. Wie wir jedoch aus der Betrachtung unserer 26 Milzbrandfälle beim Rind, Pferd und der Ziege (13 Fälle beim Rinde, 11 beim Pferde, 2 bei der Ziege) ersehen haben, sind die Hautkarbunkel hier ebenso selten. Wenn man alle diese Fälle durchmustert, so finden sich Hautkarbunkel nur in 2 Fällen (XVIII. und XXII.) beim Pferde, beim Riude dagegen wurde niemals ein derartiger Befund erwähnt.

Es scheint mir demnach ein dringendes Postulat zu sein, dass man in der Menschenmedicin sich daran gewöhnt, den Begriff des Milzbrandes weniger an das Vorkommen der äusseren Karbunkel zu knüpfen und überhaupt den letzteren für weniger wichtig zu halten; die präcise Diagnose der Milzbrandformen wird auf diese Weise sicher erleichtert.

Weitere Argumente für die Anthraxnatur der erwähnten Mycosisfälle finden wir übrigens noch in der Literatur des Milzbrandes. In erster Linie steht hier eine Reihe älterer Beobachtungen, welche Heusinger (l. c. p. 597.)zusammengestellt hat. Der Befund der inneren Organe ist in diesen Fällen ganz ähnlich angegeben wie in den Mycosisfälleu. So erwähnt Barez (ib. p. 599) gegen 30 haselnuss- bis taubeneigrosse karbunkulöse Stellen im Dünndarme, die blutig infiltrirt, braunschwarz gefärbt waren; gleichzeitig fanden sich blutige, seröse und sulzige Infiltrationen der Mesenterial- und Halslypmphdrüsen. Sanson beschreibt 25—30 lenticuläre Pusteln im Magen, Rayer ähnliche kleine karbunkulöse Heerde im Magen, Bertin erwähnt hämorrhagische Infiltration der Gekrösdrüsen: auf Grund dieser und ähnlicher Beobachtungen kommt Heusinger zu dem Schlusse, dass die erzählten Sectionsergebnisse die Gleichheit des menschlichen und thierischen Milzbrandes beweisen.

Von neueren Beobachtungen gehören hieher der Fall von Stone[1]) welcher bei Pustula maligna Ecchymosirungen in den Darmwänden, Schwellung der solitären Follikel, der mesenterialen Drüsen und spärliche Bacteridien im Blute fand. Auch Brauell und Davaine fanden im Blute milzbrandiger Men-

---

[1]) Virchow's Jahresbericht über die Leist. und Fortschritte für 1869. B. I. p. 491.

schen Bacteridien. Ferner beschreibt Neyding[1]) mehrere rasch verlaufende Fälle von Pustula maligna beim Menschen, bei denen er blutig gefärbte Transsudate in den serösen Höhlen, Schwellung und hämorrhagische Infiltration der Submanillar-Bronchial-Gekrös- und Lumbardrüsen und deren Umgebung nachweisen konnte, ferner hämorrhagische Erosionen und selbst diphtheritische Vorgänge im Magen und Dünndarm. Schliesslich ist hier anzuführen die Mittheilung von Münch[2]), der unter 28 Fällen von Milzbrand beim Menschen nur 17mal Karbunkel auf der äusseren Haut fand, in 11 Fällen dagegen keine Localisation auf der äusseren Haut. Die Veränderungen waren qualitativ gleich wie bei den Mycosisfällen von Buhl und Waldeyer.

Ob nun damit, dass man die bisher beschriebenen Fälle von Mycosis intestinalis zum Milzbrande rechnet, für die Lehre von Anthrax der Menschen neue Gesichtspunkte gegeben sind, mag der Gegenstand weiterer Diskussion werden. Vorläufig dürfte es schwierig sein, in den genannten Fällen eine Stütze für die spontane Entstehung des Milzbrandes beim Menschen zu suchen. Verschiedene Thatsachen, so namentlich die Beschäftigung der betreffenden Patienten scheinen mehr darauf hinzuweisen, dass man es hier mit Anthraxfällen zu thun habe, die durch contagiöse Infection entstanden sind und zwar durch Infection vom Darmkanale aus. Die Frage von der spontanen Entstehung des Milzbrandes beim Menschen dürfte überhaupt nur in Gegenden, wo der Milzbrand endemisch ist, ihre Lösung finden. Alle übrigen Fälle muss man vorläufig, nachdem die Tenacität des Milzbrandcontagiums sowie seine mannigfaltige Uebertragungsweise festgestellt sind, als durch Contagion entstanden erklären.

Mit der Erklärung, dass die Mycosisfälle beim Menschen zum Anthrax gehören, geschieht meines Erachtens der Wichtig-

---

[1]) Vierteljahrschrift f. gerichtl. u. öffentl. Med. N. F. X. p. 241. 1869.

[2]) Centralblatt für die medic. Wissenschaft. 1871. p. 802.

keit dieser Processe durchaus kein Abbruch. Im Gegentheil und diesen Punkt habe ich schon bei einer anderen Gelegenheit (Vortrag über Milzbrand im Verein jüngerer Aerzte zu Zürich, Sitzung am 24. Februar 1872) betont, gewinnt besonders der Fall von Buhl dadurch eine grosse Bedeutung, dass er als kräftiger Beweis für die parasitäre Natur des Milzbrandes dient, da er vollkommen unbefangen beobachtet und gedeutet wurde.

In einer anderen Richtung bestätigen die Beobachtungen der genannten Autoren (Buhl, Waldeyer, E. Wagner) noch die Thatsache, dass die Bacterien beim Milzbrande auch localisirt im Körper vorkommen können. Wenn man auch bei der Schnelligkeit der Entwicklung der Bacterien die Möglichkeit einer postmortalen Entstehung und Vermehrung nicht aus dem Auge lassen darf, so müssen doch die Keime dieser Gebilde schon im Leben im Blute vorhanden gewesen sein. Aus dem localisirten Auftreten und Vorkommen der Bacterien erklären sich auch wohl zum Theil die widersprechenden Angaben der Beobachter über das Vorkommen und Fehlen der Bacterien beim Milzbrand der Hausthiere. Damit harmonirt auch die alte Erfahrung[1]), dass die Verbreitung des Contagiums im Körper der milzbrandigen Thiere eine sehr verschiedene ist. Es gibt Fälle, wo von jedem Theile aus die Ansteckung vermittelt wird, ein Thier also durch und durch infectiös ist, andere, wo nur die Karbunkelgeschwülste oder die sonstigen localen Ablagerungen das Gift zu enthalten scheinen und Virchow spricht es geradezu aus, dass sich aus diesem Umstande die widerstreitenden Angaben der Schriftsteller über die Schädlichkeit des Fleisches, des Blutes, der Felle getödteter oder gefallener Thiere erklären lassen.

Ick kann nicht umhin, diese Erörterung mit dem Wunsche zu schliessen, dass man künftig bei ähnlichen Fällen von Mycosis intestinalis nicht unterlassen möge, Impfversuche mit dem

---

[1]) Virchow, Zoonosen p. 395.

Blute anzustellen, da man auf diesem Wege ohne Mühe zu einem sicheren Resultate gelangen wird.

Ich wende mich zur Besprechung einer Krankheit der Schweine, die man mit dem Milzbrande vielfach zusammenwirft, und knüpfe einige Bemerkungen an über den sogenannten Typhus der Pferde.

Bekanntlich kommt beim Schweine sehr häufig und vorzugsweise in der Schweiz eine Krankheit vor, über deren Natur und Stellung in der Pathologie eine grosse Verschiedenheit der Ansichten herrscht. Diese trotz ihrer Häufigkeit und Gefährlichkeit wenig genau erforschte Krankheit, die bald als Rothlauf, bald als Milzbrandrothlauf, als bösartiger Rothlauf bezeichnet wird, wird bald und zwar von der grossen Mehrheit der Schriftsteller zum Milzbrande gerechnet, bald als ein eigener Krankheitsprocess betrachtet. Eine Zusammenstellung der bezüglichen Ansichten gibt Harms [1]) in seiner Monographie des Rothlaufes, worin er den Rothlauf als eigene Krankheitsform aufstellt.

Haubner [2]) will den Rothlauf der Schweine nur höchst selten, vielleicht niemals zum Milzbrande gerechnet wissen, namentlich nicht die Formen, die durch ein jährlich sich wiederholendes Auftreten, ohne dass gleichzeitig der Milzbrand bei anderen Thieren vorkömmt; andere ähnliche Processe beim Schwein, worunter jedoch der Name Rothlauf wiederholt genannt wird, gehören nach Haubner theils zum Milzbrand, theils zum Typhus, theils zu den fieberhaften Ausschlägen.

Spinola [3]) erwähnt einen gutartigen und einen bösartigen Rothlauf der Schweine; der letztere soll eine Milzbrandform darstellen. — In ähnlichem Sinne unterscheidet Hering [4]) ein

---

[1]) Der Rothlauf des Schweines — die Schweineseuche. Hannover 1869.

[2]) Landwirthschaftl. Thierheilkunde. 5. Aufl. p. 336. und Handbuch der Veterinärpolizei. p. 285. 1869.

[3]) Die Krankheiten des Schweines. p. 222.

[4]) Specielle Pathologie der Hausthiere. p. 285 und 298.

bösartiges Rothlauffieber des Schweines und ausserdem einige rothlaufartige Formen des Milzbrandes.

Röll [1]) beschreibt als brandigen Rothlauf eine der häufigsten Anthraxformen des Schweines. Ebenso stellen nach Bruckmüller [2]) der sogenannte Rothlauf oder das Petechialfieber der Schweine acute Milzbrandformen dar. — Endlich gehört hieher die experimentell begründete Angabe Brauell's [3]), welche Harms übersehen hat, dass der Rothlauf der Schweine nicht zur Gruppe der Anthraxkrankheiten zu rechnen sei.

Bei dieser Sachlage erscheint es geboten, meine allerdings nicht sehr ausgedehnten Erfahrungen über diese Krankheit an dieser Stelle zu referiren.

Im Juli 1871 übersandte H. Thierarzt Brauchli in Wigoltingen (Kt. Thurgau) die inneren Organe eines Schweines, welches an bösartigem Rothlauf gelitten hatte.

LI. 21. Juli 1871. Rothlauf beim Schwein.

Die zur Untersuchung übersandten Organe — Lungen, Herz, Darm — liessen zahlreiche kleine Blutungen wahrnehmen; im Uebrigen fanden sich ausser einer katarrhalischen Schwellung der Darmschleimhaut und kleinen punktförmigen Gebilden (Mikrobacterien?) im Blute keine bemerkenswerthen Veränderungen. Ueber die Erscheinungen im Leben sowie über die gewöhnlichen Befunde am Cadaver theilte mir H. Brauchli Folgendes mit.

„Die Krankheit ergreift die Thiere ohne Rücksicht auf Alter und Ernährungszustand. Die Thiere hören gewöhnlich plötzlich zu fressen auf, so z. B. versagen sie das Mittagfutter, während sie das Morgenfutter noch mit Lebhaftigkeit verzehrt haben. Hie und da bemerkt man noch etwas Fresslust. Zuweilen tritt von Anfang an Erbrechen ein; der Brechreiz dauert mehrere

---

[1]) Lehrbuch der Pathol. und Therapie, 3. Aufl. I. p 440. 1867.

[2]) Lehrbuch der pathol. Zootomie. p. 267. 1869.

[3]) Oesterreich. Vierteljahrsschrift f. wiss. Veterinärkunde. B. XXIII. p. 117. 1865.

Stunden, oft fortwährend bis gegen das tödtliche Ende an. Die Thiere verkriechen sich in der Streu, sind bei Berührungen sehr empfindlich, die Hauttemperatur ist wechselnd; bald sind die Ohren kühl, bald heiss. An den Kinnbacken sieht man oft eine livide Färbung, die Bindehaut des Auges ist injicirt. Nach und nach tritt allgemeine Hautröthung ein, jedoch gehen die Thiere manchmal schon vorher zu Grunde. Der Verlauf ist oft so rapid, dass man die Thiere, die Abends noch gesund erschienen, des Morgens todt im Stalle findet. Die obigen Organe stammten von einem derartigen Falle: H. Brauchli traf den Cadaver noch warm, ohne Hautröthung. Bei langsamem Verlaufe, wenn die Krankheit 1—3 Tage dauert, tritt gewöhnlich Schwäche des Hintertheiles und ein schwankender Gang ein. Der Koth wird trocken abgesetzt".

Bei der Section, wenn die Krankheit lethal geendet oder schon einen hohen Grad erreicht hatte, fand H. Brauchli meist folgende Veränderungen:

„Haut und Speck geröthet, Muskulatur von blassblauröthlicher Farbe und schnell in Verwesung übergehend. Die Leber, meist auch Milz und Nieren sind von dunkler Farbe, blutreich; die ersteren beiden Organe erweicht und auf leichten Fingerdruck einreissend. Die dünnen Gedärme stellenweise geröthet, die Peyer'schen Drüsenhaufen deutlich sichtbar. Im Magen und oft auch im Dickdarm livide Flecken".

LII. 20. April 1872. Rothlauf beim Schwein.

Von einem Schweine, welches an Rothlauf gelitten hatte und getödtet werden musste, übersandte H. Brauchli die beiden Nieren, die ihm von H. Thierarzt Merk übermittelt wurden.

Bei der Untersuchung fanden sich beide Nieren stark vergrössert, im höchsten Grade cyanotisch, sehr blut- und saftreich, die Malpighi'schen Knäuel sehr stark mit Blut gefüllt und schon mit blossem Auge sichtbar. Bei der mikroskopischen Untersuchung finden sich ausser der Blutüberfüllung der Capillaren und Glomeruli zahlreiche kleine Blutaustritte. Die Epithelien der Harncanälchen vergrössert, fein körnig getrübt und vielfach zerfallen: das Bild der trüben Schwellung. Das aus einer Nierenvene gewonnene Blut zeigte die rothen Blutkörperchen sehr blass, das Serum von Blutfarbestoff gelblich gefärbt und ausserdem kleine punktförmige und kurzcylindrische Bacterien (Mikro- und Mesobacterien) in mässiger Menge, beide jedoch ohne irgendwie charakteristische Eigenschaften. Mit dem ausgepressten blutigen Safte (0,5 Gramm) der beschriebenen Nieren wurde ein kräftiges Kaninchen subcutan geimpft.

LIII. Impfung 21. 20. April 1872. Kaninchen.

Das Thier zeigte nach der Impfung keine besonderen Krankheitserscheinungen und wurde am folgenden Morgen todt im Stalle gefunden. Bei der Section, welche Nachmittags 2 Uhr stattfand, fand sich an der Impfstelle eine missfarbige Beschaffenheit des Unterhautzellgewebes in grosser Ausdehnung, in den inneren Organen allenthalben Saft- und Blutreichthum, trübe Schwellung und beginnende Fäulniss; im Blute zahlreiche punktförmige Bacterien (10 Stunden nach dem Tode). Der ganze Befund hatte wenig Aehnlichkeit mit dem Rothlauf des Schweines und hauptsächlich keine mit dem Milzbrand anderer Hausthiere. Da in dem zur Impfung verwendeten mit Harnbestandtheilen gemischten Nierensaft schon beginnende Zersetzung vorhanden war, so erklärt sich der Tod, sowie der pathologisch-anatomische Befund einfach durch putride Infection.

LIV. Rothlauf beim Schwein.

Am 9. Mai 1872 übersandte H. Thierarzt Hoffmann in Ossingeu (Kanton Thurgau) Theile eines an bösartigem Rothlauf gestorbenen Schweines mit folgendem Bericht über den Verlauf der Krankheit:

„Am 6. Mai bemerkte man an dem Thiere eine grosse Menge dunkelblauer Flecke auf der ganzen Körperoberfläche ziemlich gleichmässig verbreitet. Diese Flecke veränderten sich während der Dauer der Krankheit nicht, sondern blieben in Bezug auf Grösse, Farbe und Art gleich. Fieber war nur in geringem Grade vorhanden, das Schwein zeigte noch gehörigen Appetit. An demselben Tage Abends bildete sich um die Augen und am Rüssel eine diffuse Anschwellung ohne scharfe Grenze, die weder schmerzhaft noch heiss war. Die Bindehaut und Sclerotica der Augen waren intensiv geröthet. Diese Symptome blieben 2 Tage — bis zum 8. Mai Nachmittags — dieselben. Dann zeigten sich plötzlich die heftigsten Fiebererscheinungen, die Athmung wurde sehr mühsam und stark beschleunigt. Die Percussion und Auskultation der Brust liessen auf nichts Abnormes schliessen. Die Fäces wurden selten und trocken abgesetzt; der Appetit war vollkommen verschwunden. Das Thier vermochte nicht zu stehen, sondern lag beständig mit in der Streu verborgenem Kopfe. Der Herzschlag dabei sehr stark fühlbar, die Temperatur der Körperoberfläche wechselnd.

Die Oeffnung der hinteren Ohrvenen und der Blutgefässe des Schwanzes hatten erst 1½—2 Stunden darnach Blutung zur Folge; das Blut selbst war dunkel und nur unvollkommen gerinnend. Während man dem Thiere die verordneten Medicamente verabreichen wollte, bekam es einen Anfall, indem es auf den vorgestreckten Kopf zu Boden stürzte und während der Dauer des Anfalls 1½—2 Minuten lang heftig schrie. Der Herzschlag war während dieser Zeit unfühlbar. Hierauf erholte sich das Thier wieder etwas, man beobachtete nur mehr die früher geschilderten Symptome, endlich wurde der Gang unsicher, eine lähmungsartige Schwäche der Hintergliedmassen stellte sich ein. Der Tod erfolgte um 6 Uhr Abends. Die Hautflecken, welche im Leben dunkelblau waren, färbten sich im Verlaufe einer Stunde nach dem Tode immer heller und waren schliesslich hellroth.“

Die Section, deren Daten ich nach dem Berichte des H. Hoffmann zum Theil ergänze, ergab folgende Veränderungen:

Das Gehirn etwas bleich und blass, im Uebrigen normal.

Das Herz war auf der äusseren Fläche mit überaus zahlreichen grösseren und kleineren Blutheerden bedeckt und dadurch an der Herzbasis und den Herzohren förmlich gesprenkelt.

Die Musculatur blass, mürbe, von einzelnen Blutheerden durchsetzt. Die Innenfläche beider Herzkammern ebenfalls mit zahlreichen, vielfach confluirenden grösseren und kleineren subendocardialen Blutheerden bedeckt. Die übrigen Theile des Herzens normal, in sämmtlichen Höhen Blutgerinnsel in geringer Menge. Die Lungen blass — man hatte dem Thiere unmittelbar nach dem Tode noch eine ziemliche Menge Blutes abgelassen — im Uebrigen normal. Die Leber an der Oberfläche mit Blutflecken bedeckt. Die Milz von normaler Grösse, sehr blutreich und von schwarzer Farbe.

Die Schleimhaut des Magens und eines Dünndarmabschnittes etwas geschwellt, saftig glänzend und mit ziemlich zahlreichen punktförmigen Ecchymosen bedeckt, welche im Magen häufig ein helleres Centrum mit einem rothen Hofe erkennen lassen.

An den übersandten Zwerchfellstücken und einem Hautstücke von der unteren Bauchwand finden sich grosse diffuse blutig gefärbte bräunlichrothe Flecken, welche jedoch weniger auf Blutextravasaten als auf blutiger Imbibition beruhen.

Bei der mikroskopischen Untersuchung finden sich in der blutig durchsetzten Herzmusculatur zahlreiche rothe und namentlich an der Peripherie derselben äusserst zahlreiche farblose Blutkörperchen zwischen den Muskelfasern, die Muskelfasern selbst nur leicht getrübt. Im Blute — aus den Kranzvenen des Herzens und den Blutgerinnseln der Herzkammern — finden sich zahlreiche Kugelbacterien und kurze Cylinderbacterien, ohne dass sonstige Erscheinungen der beginnenden Zersetzung zu bemerken waren. Die kleinen Ecchymosen der Magenschleimhaut mit dem blassen Centrum bestehen aus miliaren Abscessen in der Schleimhaut mit entzündlichem, gerötheten Hofe, ohne dass es mir gelang eine Gefässverstopfung oder eine sonstige Anhäufung parasitärer Gebilde als Ursache nachzuweisen.

Die mit dem Herzblute vorgenommene Impfung auf ein Kaninchen blieb erfolglos.

LV. Impfung 22. Kaninchen.

Einem Kaninchen wurde am 9. Mai ein Stück frisches Blutgerinnsel aus dem Herzen des an Rothlauf gestorbenen Schweines unter die Haut gebracht.

Das Thier bleibt vollkommen gesund.

Endlich erwähne ich noch, dass die inneren Organe eines Schweines, welches im vorhergehenden Sommer an Rothlauf erkrankt, aber genesen war, in keiner Richtung eine Veränderung darboten, als ich sie im November 1871 zur Untersuchung erhielt.

Für die vergleichende Betrachtung und Feststellung der Beziehungen zwischen dem bösartigen Rothlauf der Schweine und dem ächten Milzbrand der übrigen Hausthiere sind die mitgetheilten klinischen, pathologisch-anatomischen und experimentellen Ergebnisse massgebend.

Die Erscheinungen im Leben beim bösartigen Rothlauf der Schweine lassen sich nach den mitgetheilten Beschreibungen der HH. Brauchli und Hoffmann ungefähr so schildern:

Der bösartige Rothlauf befällt zu jeder Jahreszeit Thiere jeden Alters und jeden Ernährungszustandes. Die Krankheit tritt in der Regel ohne Vorboten, plötzlich auf. Die Fresslust ist meist aufgehoben; manchmal erbrechen sich die Thiere, verkriechen sich in der Streu und sind sehr empfindlich. Die Hauttemperatur ist wechselnd, bald heiss, bald kühl; die sichtbaren Schleimhäute stark geröthet. Auf der Körperoberfläche treten entweder dunkelblauröthliche Flecken oder eine diffuse Röthung auf, am Kopfe (Kinnladengegend) manchmal auch unschmerzhafte ödematöse Anschwellungen. Die Thiere gehen öfters so rasch zu Grunde, dass es nicht zur Bildung der Hautröthe oder der Hautflecken kommt.

Bei langsamerem Verlaufe, wenn die Krankheit 1—3 Tage dauert, entwickelt sich eine lähmungsartige Schwäche des Hintertheils; der Koth wird trocken und selten abgesetzt, die Fiebererscheinungen sind mässig, die Temperatur der Körperoberfläche ist wechselnd; die Thiere bekommen förmliche Erstickungsanfälle: das Athmen wird kurz und sehr beschleunigt, man beobachtet starkes Herzklopfen, allgemeine Schwäche, Unvermögen aufzustehen. Manchmal zeigen die Thiere apoplectiforme Zufälle, stürzen zu Boden, erholen sich jedoch öfters wieder.

Harms erwähnt ausserdem als wesentlich die Fiebererscheinungen, Krämpfe, Bläschenbildung und Absterben von Hautstücken in manchen Fällen. Der Tod erfolgt entweder apoplectiform oder unter den Erscheinungen der Cyanose plötzlich oder erst nach 12—24—36 Stunden, seltener nach einigen Tagen; Genesung tritt ebenfalls öfters ein.

Der pathologisch-anatomische Befund im Cadaver derartig gestorbener Thiere gestaltet sich ziemlich einfach:

Haut und Speck sind geröthet, livid gefärbt, stellenweise ödematös. Die inneren parenchymatösen Organe (Leber, Nieren, Milz) sind blutreich besonders die Nieren stark cyanotisch. Die Milz ist nicht vergrössert, oder nur in sehr geringem Grade. An und in zahlreichen Organen finden sich kleinere oder grössere Blutungen: an den serösen Häuten, am En- und Epicardium, im Herzmuskel, auf der Magen- und Darmschleimhaut. In der Magenschleimhaut manchmal miliare (embolische?) Eiterheerde.

Das Blut zeigt nur schwache oder gar keine Gerinnung, ist von dunkler Farbe und enthält kleine punktförmige und kurz cylindrische Bacterien (Kugel- und Cylinderbacterien).

Die Impfungen mit dem frischen Blute an Rothlauf gestorbener Schweine auf Kaninchen, welche sonst für das Milzbrandgift sehr empfänglich sind, sind von negativem Erfolge und im Zusammenhalt mit den Resultaten anderer Beobachter (Harms, Brauell und Fuchs) kann man sagen, dass der Rothlauf überhaupt durch Impfungen nicht übertragbar ist. Der tödtliche Ausgang bei einer oben erwähnten Impfung (LIII) lässt sich dadurch erklären, dass der zur Impfung verwendete Nierensaft bereits in Fäulniss übergegangen war. Harms[1]) impfte Hunde und Kaninchen, Fuchs Kanin-

[1]) l. c. p. 51.

chen, und endlich Brauell ein Füllen, ein Schwein, zwei Kaninchen und einen Igel ebenfalls ohne Erfolg.

Dagegen führt Harms (l. c.) eine Beobachtung des Thierarztes Meyer in Sulingen an, wonach eine Uebertragung des Rothlaufes durch die Muttermilch von einem Mutterschwein auf vier Junge stattgefunden haben solle; sämmtliche Thiere genasen jedoch.

Wenn Harms im Uebrigen jede Ansteckungsfähigkeit des bösartigen Rothlaufes im gewöhnlichen Sinne leugnet, so geht er darin entschieden zu weit. Schon in der Literatur finden sich verschiedene Angaben, wornach Ansteckung durch Fütterung mit Abwaschwasser des Fleisches rothlaufkranker Thiere nicht selten vorkommen. So beobachtete Meier[1]) in Dallikon den Rothlauf in 5 Ställen bei 12 Schweinen und konnte für alle Fälle nachweisen, dass die Krankheit vermittelst Abwaschwasser vom Fleische solcher kranker Schweine entstehe. Aehnliches berichtet Schenkel[2]), welcher eine Uebertragung auf diese Weise bei 11 Schweinen beobachtete. Endlich hat Feldtmann[3]) vor einiger Zeit ebenfalls mitgetheilt, dass Schweine, denen nur das blutige Wasser in welchem das kranke Fleisch abgewaschen war, ins Futter geschüttet wurde, stets erkrankten. Alle diese Beobachtungen kann ich nach mündlichen Mittheilungen von Thierärzten des Kanton Zürich bestätigen. Es kann demnach eine Ansteckung von Schwein zu Schwein vermittelst des Futters mit Sicherheit angenommen werden und gerade diese Eigenschaft ist für die Prophylaxis des bösartigen Rothlaufes bisher zu wenig berücksichtigt worden.

Ebensowenig als der Rothlauf der Schweine durch Impfung auf andere Thiere übertragbar ist, kennt man Fälle, wo auf dem Wege der Contagion Uebertragungen des Rothlaufgiftes auf andere Thiere stattgefunden haben und diese Thatsache,

---

[1]) Vergl. Heusinger. p. 187. und Archiv Schweizer Thierärzte. B. XI. p. 221.

[2]) ibidem.

[3]) Virchow's Archiv. B. XXXVI. 290. 1866.

auf welche Haubner und Obich[1]) schon aufmerksam machten, spricht ebenfalls gegen die Milzbrandnatur des Rothlaufes. Die Frage, ob das Gift von Schwein zu Schwein durch Impfung übertragbar ist, scheint mir noch eine offene zu sein, da bis jetzt nur ein negativer Versuch von Brauell (l. c. p. 126) vorliegt.

Der Genuss des Fleisches rothlaufkranker Thiere ist für den Menschen nach vielfachen Erfahrungen, die allerorts gemacht wurden, vollkommen unschädlich. Wie beim Milzbrand der Rinder ist jedoch die Gefahr der Verbreitung des Contagiums, welche bei erlaubtem Fleischgenusse kaum zu umgehen ist, unter allen Umständen keine geringe.

Alle diese Thatsachen, besonders die pathologisch-anatomischen Veränderungen, der Mangel der für den Anthrax charakteristischen Bacterien im Blute, sowie die negativen Impfversuche führen darauf hin, den sogenannten bösartigen Rothlauf der Schweine (auch Milzbrandrothlauf, Anthraxbräune genannt) als eine von dem Milzbrand der übrigen Hausthiere durchaus verschiedene Krankheit zu betrachten. Allerdings muss man zugeben, dass diese Krankheit dem Milzbrande in vieler Richtung sehr ähnlich ist, so namentlich durch ihre Gefährlichkeit, das plötzliche Auftreten, den raschen Verlauf, den Charakter einer exquisiten Blutkrankheit, die Störungen der Blutcirculation, die Cyanose und die Blutungen.

Ich möchte demnach den Rothlauf der Schweine als eine specifische Krankheit des Schweines betrachten, welche allerdings dem Milzbrande vielfach analog ist, im Uebrigen jedoch vollkommen von ihm zu trennen ist. Ob daneben noch der ächte Milzbrand beim Schweine vorkommt, darüber fehlen mir alle Erfahrungen. Nach Allem, was mir aus der Literatur bekannt ist, bezweifle ich jedoch nicht, dass alle die Formen, die als Milzbrandblutschlag, Feuer, Vorder- und Hinterbrand, Nesseln,

---

[1]) Wochenschrift für Thierheilkunde und Viehzucht v. Adam. Jahrgang 1869. p. 243.

Nesselausschlag, wildes, laufendes und fliegendes Feuer, St. Antoniusfeuer, Rankkorn, Anthraxbräune, Halsanthrax, Kehlbrand, weisse Borste und wie die Namen alle heissen mögen, nur verschiedene Erscheinungsformen des oben geschilderten bösartigen Rothlaufes — der Schweineseuche darstellen. Schon früher habe ich angeführt, dass in meinem Versuchstalle, wo längere Zeit hindurch mit Milzbrandgift geimpfte und daran erkrankte Thiere sich befanden, unter Anderem ein Schwein der unmittelbare Nachbar zweier an Milzbrand gestorbener Ziegen sowie mehrerer milzbrandiger Kaninchen war und niemals die Symptome einer Erkrankung zeigte.

Die Aehnlichkeit, welche unverkennbar zwischen dem Milzbrand der übrigen Hausthiere und dem bösartigen Rothlauf der Schweine besteht, weist darauf hin, dass auch das Krankheitsgift nach Wesen und Wirkung ein analoges sei. Harms (l. c.) glaubt das Krankheitsgift des Rothlaufes in Pilzen gefunden zu haben, die mit der Nahrung oder Getränk in den Körper eingeführt werden. Jedoch haben die Pilze, die er im Blute gefunden und als Fäden, Sporenketten, Sporenblasen, Haufen von Keimsporen und freie Sporen beschreibt, nichts Charakteristisches.

In den von mir untersuchten Fällen konnte ich ebenfalls ohne Schwierigkeit Kugelbacterien und kurze Cylinderbacterien im Blute nachweisen und zwar zu einer Zeit, wo das Blut und die Organe noch keine Zeichen von Fäulniss zeigten. Trotzdem und so sehr ich für meine Person von der parasitären Natur des bösartigen Rothlaufes überzeugt bin, halte ich die Frage so lange nicht für spruchreif, bis diese niederen Organismen im Blute des lebenden Thieres oder unmittelbar nach dem Tode nachgewiesen sind.

Dass der Name Rothlauf für eine specifische Blutkrankheit gerade nicht sehr passend erscheint, kann nach Allem keinem Zweifel unterliegen. Aus verschiedenen Gründen dürfte es jedoch zweckmässig sein und darin schliesse ich mich vollkommen den Ausführungen von Harms an, den Namen „bösartiger Rothlauf oder Schweineseuche“, der sich der meisten

Anerkennung erfreut, beizubehalten und möchte nur vorschlagen, das Heer der übrigen Namen so wenig als möglich zu gebrauchen.

Wie der Rothlauf der Schweine so ist auch die Stellung des Pferdetyphus in der Pathologie der Hausthiere eine schwankende.

Der Typhus der Pferde wird von der Wiener Schule (Röll und Bruckmüller) zum Milzbrande gerechnet, von Anderen als eine selbstständige Krankheit betrachtet.

Nach meinen Erfahrungen, die ich hauptsächlich in der Klinik und im Secirsaale des Wiener Thierarzneiinstitutes sammelte, haben die Typhusfälle beim Pferde ohne Zweifel eine grosse Verwandtschaft zum ächten Anthrax. Die grossartigen Karbunkel, die Petechien der sichtbaren Schleimhäute, die ödematösen Infiltrationen der Haut und des Unterhautzellgewebes mit folgendem Absterben der Haut, ferner die Erscheinungen des Fiebers, der anatomische Befund am Cadaver: Alles dies reiht den Pferdetyphus unmittelbar dem Anthrax an.

Nun gibt es aber derartige Krankheitsprocesse beim Pferde, die man sowohl klinisch, als pathologisch-anatomisch zum Pferdetyphus stellen muss, denen aber die wesentlichen Charaktere des Milzbrandes — die Bacterien im Blute, sowie die Contagiosität — abgehen.

Das mir zu Gebote stehende Material ist zu klein, um ein sicheres Urtheil abzugeben. Ich theile meine Beobachtungen nur mit, um dadurch vielleicht zu weiteren Versuchen anzuregen.

Meine Beobachtungen und Zweifel stützen sich auf 3 Fälle von sogenanntem Pferdetyphus, die in der Klinik der hiesigen Thierarzneischule im Laufe des letzten Jahres behandelt wurden und zur Section kamen. Man fand acute Milztumoren, theerartige Beschaffenheit des Blutes, mässig grosse hämorrhagisch-sulzige Ergüsse an verschiedenen Stellen, aber keine Bacterien im Blute. Die Impfung mit dem Blute auf Kaninchen erzeugte putride Infection mit lethalem Ausgang, aber keinen Milzbrand. Im Blute eines dritten an ausgesprochenem Typhus erkrankten Pferdes, das ich vor Kurzem noch zu untersuchen Gelegenheit hatte, fand ich durchaus keine Abweichung; die Impfung mit dem noch warmen Blute auf 2 Kaninchen blieb erfolglos, da die Thiere keine Störung ihres Befindens wahrnehmen liessen. Bei der Section des nach 3 Wochen in Folge von hinzugetretenem Lungenbrand gestorbenen Pferdes wurde die Diagnose auf Typhus vollkommen bestätigt, indem sich an verschiedenen Stellen des Darmkanales theils verschorfte, theils in Heilung begriffene Karbunkel-Geschwüre fanden.

Ausgehend von dem Standpunkte, dass diese Fälle doch dem Milzbrande zuzurechnen seien, liesse sich noch eine Erklärung finden, welche den Mangel der Bacterien, sowie die nicht contagiöse Natur obiger Fälle berücksichtigt. Es liesse sich nämlich denken, dass in solchen langsamer verlaufenden Milzbrandformen das ursprüngliche Gift — die Bacterien — zerfallen und untergehen und erst secundär durch ihre Wirkung auf das Blut andere chemische Gifte (putride Stoffe?) erzeugen, welche gleichsam die Vermittler zwischen den ursprünglich veranlassenden Bacterien und der Erkrankung des Organismus darstellen und selbst dann noch ihre perniciöse Wirkung äussern, wenn das ursprüngliche Gift, (die Bacterien oder deren Keime) bereits untergegangen sind.

Am Schlusse dieser Betrachtungen sei noch die Bemerkung gestattet, dass der Pferdetyphus mit dem Abdominaltyphus des Menschen nicht die entfernteste Aehnlichkeit hat. Ebensowenig haben mich meine bisherigen pathologisch-anatomischen Erfahrungen davon überzeugt, dass überhaupt bei einem unserer Hausthiere, beim Rind, Hund oder Katze ein dem Abdominaltyphus des Menschen analoger oder ähnlicher Process vorkommt.

VII.

Zur Theorie des Milzbrandes.

Schlussresultate.

Am Schlusse unserer Untersuchung sind wir bei der wichtigen Aufgabe angelangt, eine Theorie des Milzbrandes und in erster Linie eine physiologische Erklärung der Wirkung der Milzbrandbacterien aufzustellen.

Eine der schwächsten Seiten der Davaine'schen Hypothese, welche die Bacterien als das Milzbrandgift bezeichnete, ist unstreitig die, dass dieselbe die Beziehungen zwischen den Bacterien einerseits und den klinischen und anatomischen Erscheinungen des Milzbrandes anderseits, durchaus im Unklaren liess. Korányi[1]), ein Anhänger der Lehre Davaine's, hat schon auf diese Lücke hingewiesen, indem er die Frage aufgeworfen, welcher Art die Wirkung der Bacteridien sei, wie sich die heftigen fieberhaften Vorgänge, der oft fulminante Tod, die massenhaften Exsudate, die secundären karbunkulösen und erysipelatösen Bildungen erklären lassen.

Wenn Davaine das ganze ausgeprägte Krankheitsbild, die so bedeutenden pathologisch-anatomischen Veränderungen

---

[1]) l. c. p. 158.

hauptsächlich durch die Klebrigkeit der Blutkörperchen erklären will, die zur Verstopfung der kleinen Blutgefässe führen, so liegt es auf der Hand, dass damit für das Verständniss der Krankheit, für die physiologische Erklärung der Erscheinungen im Leben keine ausreichende Basis gewonnen ist.

Um in dieser Richtung zu einem Resultate zu gelangen, erscheint vor Allem nothwendig eine nähere Kenntniss der physiologischen Eigenschaften der Bacterien, ihrer Lebensbedingungen, dann eine genaue Beobachtung der Veränderungen, welche der lebende Organismus, sowie der Cadaver milzbrandiger Thiere bietet.

Welche Wirkungen üben die Bacterien und ähnliche Gebilde auf die von ihnen bewohnten Körper aus?

Nachdem Pasteur[1]) bei seinen berühmten Untersuchungen über Gährung und Fäulniss zu dem Resultate gekommen war, dass die Existenz der Vibrionen (Monaden und Bacterien) an die Anwesenheit von Sauerstoff geknüpft sei, und er aus diesem Grunde diese Organismen Aërobien genannt hatte, wurde die Richtigkeit dieser Thatsache immer fester begründet.

Unter der Einwirkung der Schizomyceten (Bacterien und Vibrionen) findet in organischen Körpern eine lebhafte Oxydation statt, deren Produkte Wasser, Kohlensäure und einfachere organische Verbindungen sind. Die beträchtliche Menge von Sauerstoff, welchen die Pilze bei diesem Processe absorbiren, nehmen sie bei ungehindertem Luftzutritt aus der Luft, bei mangelndem aus dem Substrate selbst.

Indem Pasteur diese niederen Gebilde als Fermentorganismen und Erreger der Gährung und Fäulniss betrachtete, erhielten diese kleinsten Gebilde eine ungemeine Wichtigkeit für die gesammte Biologie. Durch die neueren Untersuchungen von H. Hoffmann und F. Cohn hat die Pasteur'sche Gährungstheorie einen so sicheren Boden gewonnen, dass man

[1]) Comptes rend. de l'acad. des sciences. 56. Bd p. 1189. 1863

an ihrer Richtigkeit trotz aller Angriffe (Liebig, Hoppe-Seyler) kaum mehr zweifeln kann.

Hoffmann hat namentlich schlagend nachgewiesen, dass das Leben und Wachsthum der Bacterien an den Sauerstoff gebunden ist und wie begierig sie denselben absorbiren; ohne Sauerstoff können die Bacterien nicht leben, bei Mangel daran tritt der Ruhezustand oder der Tod ein.

Betrachten wir auf der anderen Seite die Erscheinungen im Leben, die man bei milzbrandkranken Thieren beobachten kann, so haben wir wesentlich 2 Hauptformen zu unterscheiden:

1) Die sehr acut und rasch verlaufenden Fälle — Anthrax acutissimus und acutus, 2) die langsamer verlaufenden Formen — Anthrax subacutus. — Je nach dem Ausgange könnte man die ersteren auch als bösartige, die anderen als weniger bösartige Milzbrandformen bezeichnen.

Wenn man Gelegenheit hat, einen Fall von rasch verlaufendem Milzbrand zu beobachten, so treten die Erscheinungen von Seiten des Respirations- und Circulationsapparates in den Vordergrund. Neben der allgemeinen Schwäche und Mattigkeit sieht man die Symptome der Athemnoth, der Cyanose, der Kälte der Extremitäten, Convulsionen, (epileptiforme Krämpfe)[1]) und endlich tritt unter den Zeichen der Asphyxie der Tod[2]) ein. Oder

---

[1]) Diese epileptiformen Krämpfe beobachtete ich auch in ausgezeichneter Weise bei einem an Impfmilzbrand erkrankten Kaninchen (XIV); die Erweiterung der Pupillen ist in einem Falle (Pferd in Werikon) ebenfalls angegeben.

[2]) Die bedeutenden Erscheinungen von Seiten des Athmungsapparates sowie die hochgradige Blutüberfüllung der Lungen, die man bei milzbrandigen Thieren beobachtet, haben schon ältere Autoren veranlasst, das Wesen des Milzbrandes in einer Lähmung der Lungennerven (Kausch, Heusinger p. 17) oder in gehinderter Decarbonisation des Blutes (Lowack, Heusinger l. c. p. 48) zu suchen. Auch der nicht selten gebrauchte Name Lungenbrand ist aus ähnlichen Anschauungen entstanden.

in den apoplectiformen Fällen stürzen die Thiere wie vom Blitze getroffen zusammen, verfallen in allgemeine Convulsionen, die Temperatur sinkt sehr bedeutend und unter den Erscheinungen der Dyspnoë und Asphyxie tritt der Tod in der kürzesten Zeit ein.

Die Section solcher Thiere ergibt Ueberfüllung des Venensystems, eine dunkle theerartige Beschaffenheit des Blutes, Blutungen in den verschiedensten Organen, cyanotische Färbung der parenchymatösen Organe und Lungenhyperämie: kurz, wir sehen klinisch und pathologisch-anatomisch das Bild der Kohlensäureüberladung und Sauerstoffmangels im Blute.

Wenn man die enorme chemische Affinität der Bacterien zum Sauerstoff erwägt, welchen sie begierig absorbiren, wenn sie ihn frei finden oder seinen Verbindungen entziehen müssen, ferner die ungeheure Zahl,[1]) in welcher die Bacterien im Blute milzbrandkranker Thiere vorkommen, so wird die Annahme leicht verständlich, dass die apoplectiformen und sehr acuten Milzbrandfälle dadurch entstehen, dass die Bacterien bei ihrer raschen Vermehrung im Blute allen Sauerstoff aufzehren und dadurch Mangel an O haltigem Blute und Ueberladung mit Kohlensäure verursachen. So erklärt sich auf die einfachste Weise die ganze Symptomenreihe, die in Folge abnormer Reizung des Athmungscentrums als Dyspnoë, als klonische Krämpfe, Cyanose und Asphyxie sich präsentiren. Die Section bietet dann auch sämmtliche Veränderungen, die wir bei Kohlensäureüberladung und Sauerstoffmangel im Blute und dem dadurch bedingten Tod zu finden gewohnt sind. Die Kohlensäureüberladung wird ausserdem noch dadurch gesteigert, dass bei dem lebhaften Oxydationsprocesse im Blute ein weiteres Quantum von Kohlensäure im Blute selbst als Verbrennungsprodukt erscheint.

Mit dieser Annahme erklären sich jene fulminanten und apoplectiformen Milzbrandfälle, wo die Thiere plötzlich zu Boden stürzen und nach kurzer Zeit verenden.

---

[1]) Davaine schätzt die Zahl der Bacterien in einem Tropfen Milzbrandblut auf 8—10 Millionen.

Diese Fälle, die in der ganzen Pathologie bei keinem spontan entstehenden Krankheitsprocess eine Analogie finden, haben die grösste Aehnlichkeit mit der Vergiftung durch Blausäure und da der Blausäuretod in Folge der O Entziehung des Giftes wesentlich ein Erstickungstod ist (Preyer), so stelle ich die fulminante Wirkung der Bacterien in solchen Fällen auf dieselbe Linie mit der Blausäurevergiftung.

Es beruht also die schädliche Wirkung der Milzbrandbacterien auf den lebenden Organismus in erster Linie auf ihrer colossalen O Absorption. Auf diese Weise lassen sich übrigens auch jene Formen — die acuten — erklären, die Stunden und Tage lang dauern.

Die Schwierigkeit, welche bisher die Erkenntniss dieser Wirkung verhinderte, lag sicherlich darin, dass man immer die Bacterien nur als Fäulniss- und Gährungserreger betrachtete und ihre primäre Wirkung, abgesehen davon, dass die Milzbrandbacterien von den gewöhnlichen Fäulnissbacterien verschieden sind, aus den Augen liess. Dagegen hat Buhl[1]) bei Besprechung seines Mycosisfalles schon ausdrücklich betont, dass es durchaus unpassend wäre, die chemische Action der Pilze und Schizomyceten im lebenden Blute einfach auf Fäulniss zurückzuführen; er fand nichts, was für faulendes Blut schon während des Lebens verwerthet werden könnte. Dasselbe habe ich wiederholt bei meinen Milzbrandfällen an verschiedenen Orten hervorgehoben.

Selbstverständlich sind mit dieser Annahme die langsamer verlaufenden Milzbrandformen — die subacuten, die übrigens auch an Zahl die geringere Zahl darstellen — nicht erklärt. Durch die Einwirkungen der Bacterien auf das Blut entstehen in solchen Fällen wahrscheinlich weitere chemische Umsetzungen im Blute, welche zur Bildung fiebererregender Substanzen, neuer Gifte, führen können.

Die sonstigen Erscheinungen, die man in den Cadavern milzbrandiger Thiere findet, lassen sich ebenfalls ungezwungen

[1]) l. c. p. 141.

erklären, wenn man die übrigen Eigenschaften der Bacterien sowie die Entwicklung der einzelnen Veränderungen berücksichtigt.

Das Blut findet sich in der Regel dickflüssig, theerartig, dunkelschwarz, ohne Gerinnung, reich an farblosen Blutkörperchen; die Cadaver zeigen meist Mangel der Todtenstarre, an vielen Stellen finden sich Blutungen, Schwellung der Lymphdrüsen, der Milz, Karbunkel, ödematöse Transsudate und Infiltrationen.

Die Dickflüssigkeit des Blutes ist die Folge der Wasserentziehung durch die hydropischen, sulzigen und ödematösen Ergüsse; die dunkle Farbe die einfache Folge der Kohlensäurevergiftung. Die Erweichung und Klebrigkeit der Blutkörperchen, sowie die Nichtgerinnung erklären sich durch die Eigenschaft der Bacterien, dass sie Eiweisskörper (das Blutfibrin und das Hämoglobin) rasch erweichen; vielleicht auch dadurch die mangelnde Todtenstarre. Die Vermehrung der farblosen Blutkörperchen ist Folge der acuten Reizung und Schwellung der Lymphdrüsen und der Milz, die zu lebhafterer Produktion der Lymphzellen veranlasst werden. Dass die Bacterien und Bacterienkeime, die hauptsächlich in diesen Organen in grosser Zahl sich finden, den abnormen Reiz abgeben, wie auch Buhl für seinen Fall annimmt, ist sehr naheliegend.

Die übrigen Erscheinungen: die Karbunkel, die ödematösen Infiltrationen, die Transsudate, die Blutungen — lassen sich zum Theil durch mechanische, zum Theil durch die chemische Wirkung der Bacterien erklären, eine Annahme, für die ich experimentelle Belege anführen will:

Grohe[1]) machte Injectionen von Sporen verschiedener Pilze (Aspergillus glaucus, Penicillium glaucum) sowie von Hefe in das Blut und in die serösen Säcke. Bei Kaninchen trat nach Injection von 2—3 Ccm. Sporenflüssigkeit in die Jugularis nach 30—36 Stunden der Tod ein. Diese Thiere zeigten

[1]) Sitzungsberichte des Greifswalder medic. Vereins vom 7. April 1869. Berliner klin. Wochenschrift 1870. Nr. 1.

bei der Section in verschiedenen inneren Organen miliare Heerde, die aus Pilzrasen bestanden; die weitere Entwicklung der Pilze erfolgte in den Blutgefässen und nach Durchbohrung dieser in den Organen. Den so hervorgerufenen Process bezeichnet Grohe als Mycosis generalis acutissima s. foudroyante.

Semmer[1]) stellte seine Versuche an 4 Füllen an. Er injicirte denselben in die Iugularis Micrococcus (?) von Penicillium aus Käse und Speichel, mit Arthrococcushefe und Penicilliumsporen. Die Thiere ertrugen diese Injection ohne irgend welche Krankheitssymptome.

Aehnliche Injectionsversuche, jedoch mit positivem Erfolge machte L. Franck[2]). Derselbe infundirte einem Pferde ½ Liter Wasser in die Iugularvene, in welches 48 Stunden vorher Sporen von auf feuchtem Brode gezogenen Schimmel gesät worden waren und das durch Leinwand filtrirt, einen Fäulnissgeruch zeigte. Das Thier zeigte nach der Injection Appetitlosigkeit, vollen vermehrten Puls, am zweiten Tage dieselben Erscheinungen. Am dritten Tage entwickelte sich an der Brust und den beiden vorderen Gliedmassen eine Geschwulst, die bis zum Ellenbogen reichte und dort wulstig abgesetzt war. Diese Geschwulst verhielt sich wie diejenigen beim sogenannten Petechialfieber (Typhus) der Pferde. Am 5. Tage sickerte aus der Geschwulst an der Brustspitze eine rothgelbliche, übelriechende, mit etwas Eiter gemischte Flüssigkeit aus. Allmählig verloren sich die Geschwülste und das Pferd erholte sich vollständig.

Endlich führe ich noch die Versuche von H. Hoffmann[3]) an; derselbe impfte 3 Kaninchen mit fauler Fleischflüssigkeit. Obgleich die verwendete Flüssigkeit dem Aussehen nach ganz identische Bacterien — wie die Milzbrandbacterien — in grösster

[1]) Oesterreich. Vierteljahrsschrift für wiss. Vet.-Kunde. B. XXXII p. 106. 1869.

[2]) Jahresberichte der Central-Thierarzneischule zu München pro 1869/70. p. 22.

[3]) Botan. Zeitung 1869. p. 327.

Menge enthielt, blieben diese blutigen Impfungen vollkommen wirkungslos.

In ähnlicher Weise wie diese verliefen zwei Versuche, die ich mit faulem Heuaufguss an zwei Kaninchen anstellte. Der Aufguss enthielt zahllose, meist bewegliche Bacterien der verschiedensten Grösse, die sich jedoch, wie ich oben auseinandergesetzt habe, wesentlich von den Milzbrandbacterien unterscheiden. Beide Kaninchen, denen je 1 Gramm dieser Aufgussflüssigkeit subcutan injicirt wurde, blieben vollkommen gesund und das öfters untersuchte Blut der lebenden Thiere zeigte niemals eine Spur von Bacterien.

Aus den letztgenannten Versuchen von Hoffmann und mir geht hervor, dass den gewöhnlichen Fäulnissbacterien, mögen sie nun neben faulenden pflanzlichen oder thierischen Stoffen entstanden sein, diejenige specifische Wirkung auf den Organismus abgeht, welche den Milzbrandbacterien zukommt. Und ausdrücklich möchte ich hier nochmals zur Charakteristik der physiologischen Eigenschaften der Milzbrandbacterien hervorheben, das man an frischen Cadavern milzbrandiger Thiere keine Spur von Fäulniss antrifft. Ich habe sogar bacterienhaltiges Blut und Organe milzbrandiger Thiere — von Rindern, Ziegen und Kaninchen bei mittlerer äusserer Temperatur 2—3 Tage in frischem Zustand — ohne Spuren von Fäulniss oder Zersetzung aufbewahren und untersuchen können. Die Wirkung der Milzbrandbacterien ist daher keine zymotische.

Unter den zuerst angeführten Versuchen sind diejenigen von Grohe für die Kenntniss der Wirkung niederer Organismen im lebenden Thierkörper von Wichtigkeit. Eine gewisse Analogie mit den acutesten und acuten Formen des Anthrax lässt sich nicht verkennen, indem die perniciöse Wirkung der injicirten Pilze in dem höchst acuten Verlaufe so deutlich hervortritt, dass Grohe den Process als Mycosis acutissima sive foudroyante bezeichnete.

Ebenso haben die ödematösen, karbunkelähnlichen Geschwülste der Haut und des Unterhautzellgewebes, welche Franck durch Injection von Pilzen in das Blut hervorbringen konnte die grösste Aehnlichkeit mit jenen karbunkelartigen Anschwellungen, die man sowohl bei acuten Milzbrandfällen bei den milderen Anthraxformen des Pferdes — beim Pferdetyphus findet.

Suchen wir endlich noch nach Analogien auf dem Gebiete anderer Infectionskrankheiten, so sehen wir in den Resultaten neuerer Untersuchungen manches, was für verschiedene Krankheitsprocesse eine parasitäre Genese immer wahrscheinlicher macht.

In erster Linie wären hier die Arbeiten Hallier's anzuführen, welcher bekanntlich das Gift zahlreicher Infectionskrankheiten des Menschen und der Thiere in niederen pflanzlichen Gebilden gefunden haben wollte. Ueber den gegenwärtigen Stand der von Hallier aufgestellten und begründeten Micrococcustheorie, die allmählig vollkommen unhaltbar geworden ist, sei es gestattet, das Urtheil der competentesten Pilzkenner anzuführen. Nachdem de Bary schon früher mit scharfer Kritik die Hallier'schen Versuche und Folgerungen angegriffen, spricht sich F. Cohn[1]) neuerdings dahin aus, dass die Arbeiten Hallier's füglich ignorirt werden können, da sie nicht nach wissenschaftlicher Methode angestellt seien. Und ebenso ungünstig lautet das Urtheil von H. Hoffmann[2]): Nachdem er die unverkennbare Abnahme der quantitativen Thätigkeit (um von der qualitativen zu schweigen) auf dem Gebiete des Micrococcus in dem letzten Jahre constatirt, prophezeit er, dass der Micrococcus nach 1—2 Jahren ausser Curs kommen werde. „Die Stimmen pro haben nicht an Kraft gewonnen, die Stimmen contra mehren sich bedenklich. In Fleisch und Blut der Wissenschaft ist er nicht übergegangen. Die Zahl der Anhänger der Micrococcus-Hypothese unter den eigentlichen Experimentatoren hat sich in einer ebenso auffallenden, als beachtenswerthen Weise vermindert".

---

[1]) Botan Zeitung 1871. Nr. 51.

[2]) Mykolog. Berichte, Uebersicht der neuesten Arbeiten auf dem Gebiete der Pilzkunde III. Giessen 1872. p. 69 und p. 122.

Nach Allem scheint von dem Verdienste Hallier's in der Pilzfrage nichts übrig zu bleiben, als dass seine Arbeiten eine grosse Anregung auf diesem Gebiete hervorgebracht haben.

Nach den Untersuchungen von Coze und Feltz [1]) finden sich bei verschiedenen ansteckenden Krankheiten (Septicämie, Typhus, Scharlach, Puerperalfieber) im Blute punkt- und stäbchenförmige Körper (Bacterien); es sind dies Fermentorganismen von besonderer Art bei den verschiedenen Infectionskrankheiten, die im Blute Gährungsprocesse erregen. Im Sinne der Pasteur'schen Gährungstheorie beginnen diese Bacterien den Fermentact damit, dass sie sich des Sauerstoffes bemächtigen.

Durch eine Reihe von Beobachtungen, die sich wesentlich auf die Diphtherie und die infectiösen Wundkrankheiten (Pyämie) beziehen, wurden ferner niedere Organismen (Pilze) als Krankheitserreger wahrscheinlich gemacht.

Hieher gehören die Untersuchungen von Buhl [2]), Tommasi und Hüter [3]), Oertel [4]) und Eberth [5]), nach welchen das Gift bei der Diphtherie aus Pilzen besteht.

v. Recklinghausen [6]) beobachtete in den multipeln metastatischen Heerden bei verschiedenen infectiösen Krankheiten (Pyämie, Puerperalfieber, Typhus, acutem Gelenkrheumatismus, Lungengangrän) in jenen kleinen Abscessen miliare Anhäufungen kleiner Organismen, die er als Micrococcus bezeichnet.

Rindfleisch [7]) erwähnt kleine abscessähnliche Erweichungsheerde im Herzfleisch bei verschiedenen rasch tödtlich

---

1) Recherches clin. et expériment. sur les maladies infectieuses. Paris 1872.

2) Zeitschrift für Biologie B. III. p. 341. 1868.

3) Centralblatt f. d. med. Wissensch. 1868. Nr. 34 u. 35.

4) Deutsches Archiv f. klin. Medicin. B. VIII. p. 242. 1871.

5) Vortrag im Verein jüng. Aerzte zu Zürich und in d. Gesellschaft der Aerzte des Kantons Zürich; vergl. Blätter für Gesundheitspflege. 1872. 420.

6) Centralblatt f. d. med. Wiss. 1871. p. 713.

7) Lehrbuch der pathol. Gewebelehre. 2. Aufl. p. 204. 1871.

endigenden Infectionskrankheiten (Pyämie, Puerperalfieber, Rotz), welche aus nichts anderem als aus Vibrionen bestanden.

Nach Klebs[1]) werden die infectiösen Wundkrankheiten durch parasitäre Pilze, das Microsporon septicum, erzeugt. Dagegen will Hüter[2]) nur eine Gruppe von infectiösen Wundkrankheiten anerkennen, welche dem Microsporon oder dem Monas crepusculum ihre Entstehung verdanken und die er als putride diphtheritische Vorgänge von den — nicht parasitären — putriden septicämischen trennt. Nach Hüter sind die Monaden als Individuen eine Noxe, ein entzündliches Irritament für die lebenden Gewebe; die Wunddiphtheritis und das Wunderysipel entstehen durch Einwanderung der Monaden in das lebende Gewebe; die diphtheritische Phlegmone, die im Bindegewebe ihren Sitz hat, ist eine schnell fortschreitende Entzündung, die von der Wanderung der Monaden getragen wird, welche schnell zu einer Röthung und Schwellung der Gewebe führt. Ebenso wird die parasitäre Natur der Pyämie — wie die der Diphtherie — von Eberth[3]) behauptet, dagegen für andere Krankheiten (Cholera, Typhus, Tuberculose und Septicämie) einstweilen noch nicht für gerechtfertigt erklärt.

Nachdem Waldeyer[4]) die Angaben v. Recklinghausens für die Pyämie, wobei derselbe miliare Bacterienheerde im Herzfleisch gefunden, bestätigt hatte, fand er später[5]) Bacterien in den diphtheritischen Einlagerungen an der Uterusinnenfläche, in den puriformen Massen in den Lymphgefässen des Uterus und der Lig. lata, ferner im peritonitischen Exsudate. Waldeyer will jedoch die Aetiologie und Pathogenese der diphtheritischen Erkrankung nicht mit diesen Wesen in Verbindung bringen.

---

[1]) Correspondenzblatt f. Schweizer Aerzte. 1. Jahrg. Nr. 9. 1871.

[2]) Deutsche Zeitschrift für Chirurgie. B. I. p. 91. 1872.

[3]) l. c.

[4]) Sitzung der medic. Section d. schles. Gesellsch. für vaterländ Cultur vom 4. Aug. 1871.

[5]) Archiv für Gynäkologie. B. III. p. 293.1872.

Endlich beschreibt Virchow[1]) bei Endocarditis puerperalis einen dem diphtheritischen Processe verwandten Vorgang an den wunden Stellen der Klappe, wobei sich grössere Körner und Kugeln finden, deren Ursprung aus minimen Organismen im Blute abzuleiten sei.

Nach allen diesen Untersuchungen ist es sehr wahrscheinlich, dass die Diphtherie und die Pyämie ebenfalls parasitärer Natur sind und vielleicht noch andere Krankheitsprocesse. Jedoch lassen sich bei vielen der erwähnten Beobachtungen noch gewichtige Bedenken erheben: einmal ist der exacte Nachweis von der pflanzlichen Natur dieser kleinsten Gebilde nicht in allen Fällen vollkommen geliefert und ausserdem vermisst man bei vielen dieser Untersuchungen, die an Menschenleichen gemacht wurden, genaue Angaben über die Zeit, welche zwischen dem Tode und der Section verflossen ist. Diese Einwände sind bei der Schwierigkeit der mikroskopischen Differential-Diagnose dieser Organismen, ihrer theilweisen Aehnlichkeit mit fettigem und körnigem Detritus und ausserdem im Hinblicke auf ihre rasche Entwicklung in abgestorbenen Theilen — und namentlich bei Infectionskrankheiten — sicher nicht ungerechtfertigt.

Ich habe in jüngster Zeit Gelegenheit gehabt, mich durch eigene Beobachtung zu überzeugen, wie vorsichtig man bei diesen Dingen sein soll:

Nachdem Christot und Kiéner[2]) vor einiger Zeit bei einem der Rotzkrankheit erlegenen Manne zahlreiche Bacterien im Blute und fast in allen Organen gefunden hatten, am zahlreichsten im Eiter der Rotzabscesse, im Nasenausfluss und in den Lymphdrüsen, theilten sie weiter mit, dass auch die davon geimpften Thiere (Pferde etc.) dieselben Befunde zeigten.

Dass diese vielfach citirte Angabe sich auf Leichenerscheinungen, auf postmortale Producte bezog, bezweifelte ich nicht

---

[1]) Ueber d. Chlorose und Endocarditis puerperalis. Berlin 1872. p. 32.

[2]) Compt. rendus LXVII. Nr. 21. 1054. 1868.

im Geringsten, da es mir niemals gelang, bei wiederholter Untersuchung frischer Rotzabscesse und Rotzblutes, etwas Aehnliches zu Gesicht zu bekommen. Noch vor Kurzem habe ich das Blut und Rotzabscesse der Haut (Wurmknoten) vom lebenden rotzkranken Pferde untersucht und zwar mit einem vorzüglichen Instrumente (Hartnack Immersion 11.), jedoch ohne Resultat. Allerdings glaubte ich in dem frischen Rotzabscesse Anfangs zahlreiche isolirte und haufenförmig angeordnete Kugelbacterien zu sehen, die dazu noch die lebhafteste Bewegung zeigten. Bei Anwendung von Alcalien, Säuren und Aether veränderten sich diese Gebilde Anfangs wenig oder gar nicht, dagegen verschwanden sie nach mehrstündiger Einwirkung dieser Reagentien vollständig: es waren diese Gebilde nur Gewebstrümmer und Fettkörnchen und ich kann demnach weder die Angaben von Christot und Kiéner, noch diejenige von Rindfleisch (vergl. oben) bestätigen.

Auf der anderen Seite kann ich nicht umhin, an diesem Orte einer Thierkrankheit Erwähnung zu thun, deren parasitäre Natur ich für sehr wahrscheinlich halten muss. Seitdem[1]) ich die Ansicht ausgesprochen und begründet hatte, dass die Rinderpest mit der putriden Infection eine grosse Aehnlichkeit habe namentlich nach ihrer pathologisch-anatomischen Seite, sind mir unterdessen die mikroskopischen Bilder zu Gesicht gekommen, die Beale[2]) von den feineren Veränderungen der Organe bei dieser Krankheit gegeben hat. Im Blute, in den feinen Venen und Capillaren werden von Beale eigenthümliche Körperchen beschrieben und abgebildet, die er als „germinal matter" bezeichnet und als die materies morbi ansieht. Ueber die Natur dieser Gebilde war Beale offenbar nicht im Klaren. Nur an einer Stelle (l. c. p. 132) deutet er an, dass diese Körperchen, die von Aussen in die Blutgefässe eindringen, sich

---

[1]) Archiv für Thierheilkunde B. XXIV H. III. p. 261. 1871.

[2]) Third Report of the Commissioners appointed to inquire to the origin and nature of the cattle plague. Lond. 1866. p. 129—154. Plate I. II. u. III.

im Blute vermehren und wachsen, Verstopfungen erzeugen und die kleinen Keime von thierischen oder pflanzlichen Parasiten sein könnten. Wenn man dazu noch die exquisit diphtheritischen Processe im Magen und Darmkanal (vergl. die ausgezeichneten Abbildungen in dem erwähnten englischen Werke) und auf der äusseren Haut berücksichtigt, endlich noch die höchst contagiöse Natur, die Bösartigkeit, den raschen Verlauf der Rinderpest, so wird die Annahme einer parasitären Natur dieser Krankheit immer wahrscheinlicher.

Wir sehen also, dass die parasitäre Genese des Anthrax in anderen theils spontan vorkommenden Infectionskrankheiten sowie in künstlich hervorgebrachten Infectionen mannigfache und wichtige Analogien findet. Ausserdem kennt man bei niederen Thieren (Raupen und Stubenfliegen) epidemische und contagiöse Krankheiten, die nachgewiesenermassen durch Pilze entstehen: so dringt der Muscardinepilz, die Botrytis Bassiana, von aussen in die Raupe ein und bildet sich in dem Körper derselben aus. Und endlich verhalten sich die pflanzenbewohnenden Pilze, die ächten Pflanzenparasiten ganz ähnlich. Sie stellen die Ursache der Infection, das Gift der ansteckenden Pflanzenkrankheiten dar und sind namentlich in einer Hinsicht merkwürdig. Man weiss nämlich sicher [1]) — im Gegensatz zu einer früheren Anschauung, die für das Eindringen und die Entwicklung der Pflanzenparasiten irgend eine Erkrankung oder krankhafte Disposition des Wirthes voraussetzte —, dass die Pilze völlig gesunde Pfanzen befallen, ja dass im Gegentheil der Parasit um so besser gedeiht, je besser seine Nährpflanze ernährt ist. Ein ähnliches Verhältniss scheint beim Milzbrand der Hausthiere stattzufinden, bei dem eine vielfache Erfahrung gezeigt hat, dass gerade die bestgenährten und kräftigsten Thiere der Krankheit zum Opfer fallen, und am raschesten zu Grunde gehen.

Auf welche Art die Milzbrandbacterien oder ihre Keime in

[1]) de Bary, Handbuch der physiol. Botanik von Hoffmeister. B. II. p. 222. 1866.

den Körper gelangen, kann man sich ohne Schwierigkeiten erklären, wenn man die allgemeinen Eigenschaften der Bacterien berücksichtigt. Mögen diese kleinsten Organismen direct aus dem Boden stammen wie in einem Milzbranddistrikt oder als Ueberreste eines Milzbrandfalles irgendwo eingetrocknet haften, so können sie entweder durch äussere mechanische Einflüsse frei werden oder durch zufällige Berührung mit Wasser gemischt werden. Durch die fortwährend bewegliche Luft, einen Luftzug, werden diese überaus kleinen und leichten Gebilde gehoben und dann entweder direct mit der Athmung in den Thierkörper aufgenommen oder sie fallen auf flüssige oder fette Nahrung und gelangen mit dieser in den Thierkörper. Nach Analogie mit den Fäulnissbacterien lässt sich sogar denken, dass durch meteorische Wasserniederschläge solche in der Luft schwebende Bacterienkeime auf gewisse Entfernungen hin fortgetragen werden und dann irgendwo abgesetzt werden. — Das Eindringen der Milzbrandbacterien durch die lockeren und schwammigen Schleimhäute in den Thierkörper ist leicht verständlich, wenn man die Kleinheit der Bacterienkeime und der kleineren Bacterien berücksichtigt und endlich die Thatsache, dass sogar harte Gebilde wie z. B. Eierschalen dem Eindringen derartiger Organismen kein Hinderniss entgegensetzen. Ausserdem lässt sich hier eine pathologisch-anatomische Erfahrung verwerthen: Man findet nicht selten schon einige Stunden nach dem Tode namentlich bei Pferden in der Leber und im Pfortaderblute reichliche Fäulnissbacterien, ohne dass irgendwo eine Verletzung oder Zerreissung der Darmwandung vorhanden ist und ohne dass die äussere Luft irgendwie Zutritt hatte. Ohne Zweifel sind die Fäulnissbacterien oder ihre Keime postmortal vom Darmlumen aus in die genannten Organe eingewandert und in ähnlicher Weise wird man sich auch das Eindringen der Milzbrandbacterien in den lebenden Körper zu denken haben.

Wie erklären sich jedoch die fieberhaften Erscheinungen sowie der ganze Symptomencomplex bei jenen Fällen, wo die Milzbrandbacterien zu fehlen scheinen oder im Beginne der Erkrankung, wenn sich im Blute noch keine Bacterien finden?

In dieser Richtung verweise ich vor Allem auf meine Ausführungen über die Fehlerquellen beim Nachweise der Bacterien, über das localisirte Vorkommen derselben im Körper, und erkläre mir solche Fälle (wie z. B. meine Beobachtung bei der Katze und dem Kaninchen) so, dass dann die Bacterienkeime schon im Stande sind, fieberhafte Erscheinungen und andere krankhafte Symptome hervorzurufen, wie die Pilze bei der Diphtherie und Pyämie. Man könnte ferner noch einwenden, dass zum exacten Nachweis einer Kohlensäurevergiftung, wie ich sie bei den acuten Anthraxfällen annehme, der Mangel des Sauerstoffes auf dem Wege der Spectralanalyse dargethan werden müsse. Ich bezweifle nicht, dass auch dieser Beweis gelingen würde, musste jedoch bei den bekannten technischen Schwierigkeiten einer derartigen Untersuchung und in Ermangelung frischen Materials zu meinem Bedauern davon absehen.

Zum Schlusse möchte ich endlich noch aussprechen, dass ich mir der Lücken, welche die Erklärung der verschiedenartigen Milzbrandformen vorläufig noch bietet, sehr wohl bewusst bin, dass jedoch die gegebene Definition des Connexes zwischen den Milzbrandbacterien und den Erscheinungen bei dieser Krankheit kaum gerechtfertigte Zweifel zulässt, da man schon auf dem Wege der Exclusion zur Aufstellung dieser Theorie geführt wird.

Die **Hauptergebnisse** dieser Untersuchung lauten demnach:

Der **enzootische Milzbrand** befällt die Thiere ohne Rücksicht auf Jahreszeit, Thiergattung, Geschlecht und Alter.

Die erkrankten Thiere sind durchweg in gutem Ernährungszustande und meist solche, die kurze Zeit vor der Erkrankung neu eingestellt wurden. Seltener werden Thiere ergriffen, die von Jugend auf in den verseuchten Ställen befindlich sind. Bei einer höchst localisirten Stallenzootie, welche 4 Jahre hindurch in den beiden Ställen desselben Besitzers den Viehstand decimirte, während die Nachbarställe constant verschont blieben, schwankten die Intervalle zwischen den einzelnen Anthraxfällen zwischen 2 Tagen und 13 Monaten.

Die Dauer der einzelnen Milzbrandfälle beträgt entweder nur einige Stunden oder bis zu 24—36—40 Stunden; ungefähr 30 % der erkrankten Thiere genesen.

Neben diesem höchst acuten Verlauf ist das constante Fehlen der Hautkarbunkel bemerkenswerth.

Die Entstehung einer derartigen Anthraxenzootie an einem seiner allgemeinen Natur nach disponirten Orte hängt weder ab von der Beschaffenheit des Stalles oder des Stallbodens, noch von der Haltung, Fütterung, der Nahrung, dem Trinkwasser oder von der Verabreichung von Futter, das auf den Aasplätzen verscharrter milzbrandiger Thiere aufgewachsen ist, sondern ist einzig bedingt durch verschleppte Ansteckung, indem das Gift durch mangelhafte Beseitigung und Desinfection von einem Fall auf den andern übertragen wird. Die Ansteckung erfolgt ohne Vermittlung von Insecten.

Im Blute milzbrandiger Thiere finden sich nahezu constant eigenthümliche stäbchenförmige Gebilde, die Milzbrandbacterien.

Man kann mit Milzbrandblut ohne diese stäbchenförmigen Körper durch Impfung auf andere Thiere (Kaninchen) ächten Milzbrand erzeugen und zwar so, dass das Blut derartig geimpfter Thiere im Leben und im Tode die charakteristischen Milzbrandbacterien enthält. Entgegen der Ansicht anderer Forscher (Brauell und Bouley), welche daraus schliessen, dass die Bacterien nicht das Milzbrandgift darstellen, finden diese Impfresultate dadurch ihre Erklärung, dass das Anthraxblut in solchen Fällen beim Mangel der Bacterien schon kleinste Gebilde — die Bacterienkeime — enthält, welche in den Impfthieren die Entwicklung der Bacterien bedingen.

Umgekehrt kann man mit bacterienhaltigem Milzbrandblut durch Impfung auf andere Thiere Milzbrand erzeugen, ohne dass das Blut der Impfthiere stäbchenförmige Bacterien enthält. Das Blut enthält jedoch im letzteren Falle die Bacterienkeime, welche sich dann postmortal ausserhalb des Thierkörpers zu charakteristischen Stäbchen-Bacterien entwickeln können, wenn der Zutritt von Sauerstoff nicht vollkommen abgeschnitten ist.

Die negativen Befunde in Bezug auf das Vorkommen der Bacterien im Blute milzbrandiger Thiere, beruhen übrigens zum Theil auf Beobachtungsfehlern, da die Bacterien auch local im Thierkörper — nur auf gewisse Gefässgebiete beschränkt — vorkommen können, da ferner einzelne Bacterien und die Bacterienkeime überhaupt sehr leicht übersehen werden.

Bei dem nahezu constanten Vorkommen der charakteristischen Bacterien oder Bacterienkeime im Blute milzbrandiger Thiere, mit Rücksicht auf die zahlreichen positiven Impfresultate und auf den Charakter des Milzbrandes als einer exquisiten Blutkrankheit — ist man berechtigt, die Bacterien als das Milzbrandgift zu betrachten, wenn der Nachweis gelingt, dass die Erscheinungen im Leben und die Veränderungen im Cadaver milzbrandiger Thiere mit den bekannten physiologischen der Bacterien im Einklange stehen, wenn also der Zusammenhang zwischen Ursache und Wirkung sich physiologisch begründen lässt. — Auch im Blute der lebenden Impfthiere (Kaninchen) lassen sich charakteristische Anthraxbacterien nachweisen.

Die eigenthümlichen stäbchenförmigen Körper im Blute milzbrandiger Thiere (Milzbrandbacterien) sind gerade, seltener leicht gebogene oder stumpfwinkelig eingeknickte, cylindrische Gebilde, welche von blassem Aussehen, niemals verzweigt, unbeweglich, meist 0,007—0,012 mm. lang und von nahezu unmessbarer Breite sind. Bei schwacher und mittler Vergrösserung erscheinen diese Cylinderbacterien ungegliedert und homogen. Bei starker Vergrösserung und unter Anwendung künstlicher Methoden erkennt man, dass die Cylinderbacterien einen gegliederten Bau haben und aus rundlichen oder kurz cylindrischen Zellen (Kugelbacterien) zusammengesetzt sind. Daneben finden sich als kleinste Formen isolirte punktförmige Bacterien (Kugelbacterien), welche unter Umständen die Bacterienkeime darstellen. Letztere können auch allein im Milzbrandblute vorkommen, vermehren sich fortwährend durch Zweitheilung und setzen als Gliederzellen zu Reihen vereinigt die Stäbchen (Cylinderbacterien) zusammen, welche an allen Punkten gleichmässig durch Zelltheilung wachsen. Während im frischen Zustande die Stäbchen homogen erscheinen, lässt sich durch Aufquellen und Eintrocknen eine Differenzirung zwischen Hülle und Plasma nachweisen. Die Milzbrandbacterien unterscheiden sich von anderen Bacterien (Fäulnissbacterien in thierischen oder pflanzlichen Aufgüssen, Bacterien der saueren Milch) wesentlich durch eine gewisse Gleichmässigkeit der Form und des Aussehens, und durch ihre Unbeweglichkeit. Dagegen verhalten sie sich gegen Reagentien ebenso wie die genannten Arten und zeichnen sich durch ihre grosse Resistenz gegen concentrirte Säuren und Alkalien aus.

Die Milzbrandbacterien — Bacterium anthracicum — bilden eine besondere Art jener Gruppe von Organismen, welche als Schizomyceten, Spaltpilze (Nägeli und de Bary), bezeichnet werden. Als Glieder jenes von Häckel aufgestellten zwischen Pflanzen und Thierreich stehenden dritten organischen Reiches, der Protisten oder Urwesen, nähern sich die unbeweglichen Anthraxbacterien mehr der pflanzlichen als der thierischen Natur.

Die Entwicklung der Milzbrandbacterien ist an das

Vorkommen von Sauerstoff gebunden; durch Eintrocknen lassen sie sich conserviren, durch Fäulniss werden sie rasch zerstört.

Die Entstehung des Milzbrandes ist entweder eine miasmatische durch eigenthümliche Bodenverhältnisse bedingt oder sie geschieht auf dem Wege der Contagion — ohne Vermittlung von Insekten. Die Beschaffenheit des Stalles, das Futter, das Trinkwasser und ähnliche äussere Verhältnisse sind dabei von untergeordneter Bedeutung.

Hunde, Vögel (Huhn und Taube) und Frösche haben keine oder nur sehr geringe Empfänglichkeit für das Milzbrandgift. Die Disposition des Menschen ist ebenfalls eine geringe. Hunde widerstehen der Ansteckung, auch wenn man bacterienhaltiges Anthraxblut direkt in das Blut injicirt.

Faules Milzbrandblut, in welchem die Anthraxbacterien zu Grunde gegangen sind, erzeugt bei der Impfung niemals Milzbrand. Die Impfthiere bleiben entweder gesund oder sie gehen an Septicämie zu Grunde, gleichgültig, ob man das Blut in geschlossenen Behältern aufbewahrt oder die zur Impfung verwendeten Organe unter die Erde eingegraben hat.

Ebenso verliert langsam eingetrocknetes Blut seine Virulenz wenn die Bacterien in beginnendem Zerfalle oder verschwunden oder durch Fäulnissbacterien ersetzt sind.

Hunde können mit noch warmem rohem Fleische milzbrandiger Thiere gefüttert werden, ohne zu erkranken. Aehnlich verhält es sich mit dem Genusse milzbrandigen Fleisches von Seiten des Menschen: die Gefahr einer Infection vom Verdauungskanale aus ist so gut wie nicht vorhanden, dagegen ist wegen anderweitiger Gefahr der Ansteckung und Verschleppung des Contagiums der Genuss milzbrandigen Fleisches vollständig zu verwerfen.

Das Blut milzbrandkranker Rinder, die genesen, ist ohne Bacterien, soweit eine Untersuchung zulässig ist; die Impfung mit derartigem bacterienfreiem Blute ist erfolglos.

Beim sogenannten Milzbrandfieber der Rinder beobachtet man ausser dem anfallsweisen Auftreten der Krankheitserscheinungen manchmal wirkliche Intermissionen, so dass die Annahme einer intermittirenden Form des Milzbrandfiebers gerechtfertigt erscheint. Die Mortalität milzbrandkranker Rinder und Pferde beträgt ungefähr 70 %.

Die gebräuchliche Eintheilung der Milzbrandformen in Milzbrandfieber — ohne Lokalisationen — einerseits und in rothlaufartige oder karbunkulösen Formen — und Lokalisationen — anderseits ist zu verwerfen, da auch bei dem Milzbrandfieber, selbst bei den acutesten Fällen — die Lokalisationen niemals fehlen. Dagegen würde eine Eintheilung nach dem Verlaufe zweckmässiger erscheinen und sich darnach 3 Hauptformen aufstellen lassen:

1) Der apoplectiforme Milzbrand (Anthrax acutissimus, apoplectiformis sive foudroyante), dessen Dauer von mehreren Minuten bis zu einigen Stunden beträgt.

2) Der acute Milzbrand (Anthrax acutus), welcher mehrere Stunden bis zu einigen Tagen — meist 24—30—36 Stunden — dauert.

3) Der subacute Milzbrand (Anthrax subacutus). Dazu würden alle Fälle zu zählen sein, die länger als 4—6 Tage bis zu mehreren Wochen andauern.

In therapeutischer Beziehung verdient die Anwendung der Carbolsäure beim Milzbrand weitere Versuche, da sie als solche in das Blut aufgenommen wird und ihre zerstörende Wirkung auf niedere pflanzliche Organismen nachgewiesen ist.

In prophylaktischer Beziehung ist bei Anthraxenzootien die sorgfältige Beseitigung und Desinfection aller milzbrandigen Theile und der mit ihnen in Berührung gekommenen Stoffe in erster Linie zu berücksichtigen.

Die bisher beschriebenen Fälle von Mycosis intestinalis (Pilzkrankheit des Verdauungskanales) beim Menschen (Buhl, Waldeyer, E. Wagner) sind als eigenthümliche Milzbrandformen aufzufassen. Ob man bei denselben eine spontane Entstehung des Milzbrandes oder eine contagiöse Infection vom Darmkanale aus annehmen soll, mag dahingestellt bleiben; das Letztere ist wahrscheinlicher. In anderer Richtung können die Mycosisfälle als Beweise für die parasitäre Natur des Milzbrandes angesehen werden.

Der sogenannte bösartige Rothlauf der Schweine (Milzbrandrothlauf, Anthraxbräune), welcher meist zum Milzbrand gerechnet wird und in vielfacher Richtung dem Milzbrande der übrigen Hausthiere ähnlich ist, gehört nicht zur Gruppe der Milzbrandkrankheiten, da weder im Blute die charakteristischen Milzbrandbacterien vorkommen noch die Krankheit durch Impfung auf andere Thiere übertragbar ist.

Der bösartige Rothlauf des Schweines — die Schweineseuche — ist eine specifische dem Schweine eigenthümliche Krankheit, welche durch den Genuss der Theile rothlaufkranker Thiere auf andere Schweine übertragbar ist. Wahrscheinlich gehört hieher die grosse Zahl der übrigen bisher unter verschiedenen Namen aufgeführten und zum Milzbrande gerechneten Krankheitsformen des Schweines.

Ob daneben der ächte Milzbrand beim Schweine vorkömmt, ist zweifelhaft; ebenso ob der bösartige Rothlauf wie der Milzbrand der Hausthiere eine parasitäre Krankheit sei. Letzteres ist wahrscheinlich, aber bis jetzt noch nicht bewiesen.

Beim Typhus der Pferde finden sich im Blute des lebenden Thieres und ebenso auch im Cadaver keine Bacterien oder sonstige niedere pflanzliche Organismen. Die Krankheit lässt sich durch Impfung nicht auf Kaninchen übertragen. Die Frage von der Anthraxnatur des Pferdetyphus muss demnach vorläufig noch als eine offene betrachtet werden.

Die parasitäre Natur des Milzbrandes lässt sich durch verschiedene experimentelle Erfahrungen stützen sowie durch Analogien mit anderen wahrscheinlich parasitären Krankheiten (Diphtherie, Pyämie, Rinderpest). Der Hauptbeweis jedoch, dass wirklich die Bacterien das Milzbrandgift darstellen, liegt abgesehen von allen experimentellen und pathologisch-anatomischen Thatsachen wesentlich darin, dass sich die klinischen und pathologisch-anatomischen Erscheinungen beim Anthrax der Hausthiere namentlich die apoplectiformen und acuten Formen aus den physiologischen Eigenschaften und Wirkungen der Anthraxbatcerien erklären lassen.

Die Wirkung der Anthraxbacterien im lebenden Thierkörper ist wesentlich die, dass diese Gebilde vermöge ihrer enormen chemischen Affinität zum Sauerstoff denselben mit grosser Begierde und in grossen Mengen absorbiren, indem sie ihn den rothen Blutkörperchen entziehen. Entsprechend dieser Wirkung, welche bei der ungeheuern Zahl der Bacterien im Blute bald Sauerstoffmangel und Kohlensäureüberladung zur Folge hat, lassen sich am lebenden milzbrandkranken Thiere alle Erscheinungen des O Mangels und der CO_2 Ueberladung des Blutes: Dyspnoë, Cyanose, klonische Krämpfe (Convulsionen), erweiterte Pupillen, schliesslich erniedrigte Temperatur und die Erscheinungen der Asphyxie — wie bei jeder CO_2 Vergiftung beobachten. Ebenso findet man im Cadaver an Milzbrand gestorbener Thiere alle Veränderungen, wie sie der CO_2 Vergiftung zukommen. Die fulminanten (apoplectiformen) Anthraxfälle entstehen demnach bei rascher Entwicklung der Bacterien wie die Todesfälle durch Blausäurevergiftung. Selbstverständlich können die Bacterien ausserdem noch mechanisch wirken und verschiedene Veränderungen veranlassen.

Bei den langsamer verlaufenden Fällen von Anthrax und bei jenen seltenen Formen, in denen das Blut nur die Bacterienkeime enthält, werden wahrscheinlich secundär im Blute andere chemische Gifte erzeugt, welche die Ursache des Fiebers und der übrigen Erscheinungen darstellen.

Kgl. Hofbuchdruckerei von Dr. C. Wolf & Sohn.

Inhalt.

Erklärung der Tafeln.

Fig. 1. Frische Milzbrandbacterien aus dem Blute einer an Impf-Milzbrand gestorbenen Katze (Fall XXII). Hartnack Syst. 7. Ocul. 3. Vergröss. 320.

Fig. 2. Milzbrandbacterien aus dem Blute eines an Impf-Milzbrand gestorbenen Kaninchens (Fall XIII), in geringem Grade durch Wasser aufgequollen, eingetrocknet und nach 2 Monaten wieder aufgeweicht. Hartnack Immers. 11. Ocul 2. Vergröss. circa 700.

Fig. 3. Milzbrandbacterien aus dem Blute eines an apoplectiformem Milzbrande gestorbenen Rindes (Fall XII). 26. II. 1872. Durch Wasserzusatz künstlich aufgequollen, die Gliederung sehr deutlich. Nach einem frischen Präparate 2 Tage nach dem Tode des Thieres von Herrn Stud. med. Eugen Jäger gezeichnet. Hartnack, Syst. 9. Ocul 3. Vergröss. 550.

Fig. 4. Milzbrandbacterien aus dem Blute eines an Impf-Anthrax gestorbenen Ziegenbockes (Fall XVI) 24. II. 1872. Durch Wasserzusatz künstlich aufgequollen: Die Zusammensetzung der Cylinderbacterien aus Kugelbacterien sehr deutlich. Nach einem frischen Präparate 3 Tage nach dem Tode des Thieres ebenfalls von H. E. Jäger gezeichnet. Hartnack, Syst. 9. Ocul. 3. Vergröss. 550.

Fig. 5. Puls- und Temperaturcurve eines Falles von intermittirendem Milzbrand beim Rind (Fall X. p. 32 u. p. 94)

Fig. 1.

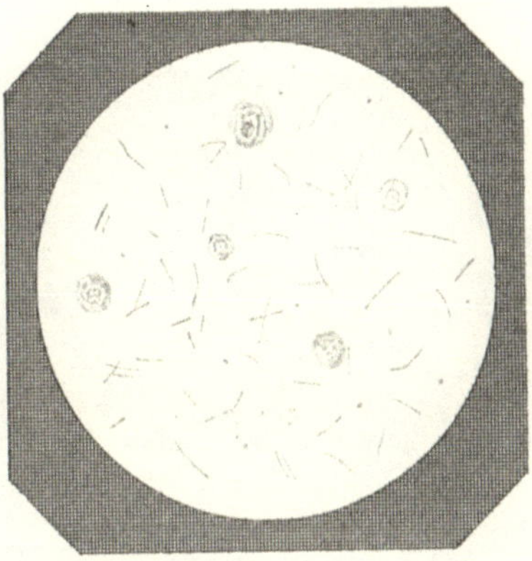

Fig. 2.

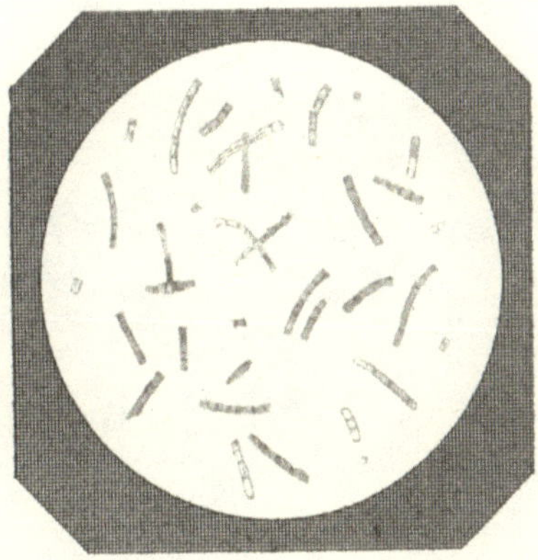

Fig. 5.

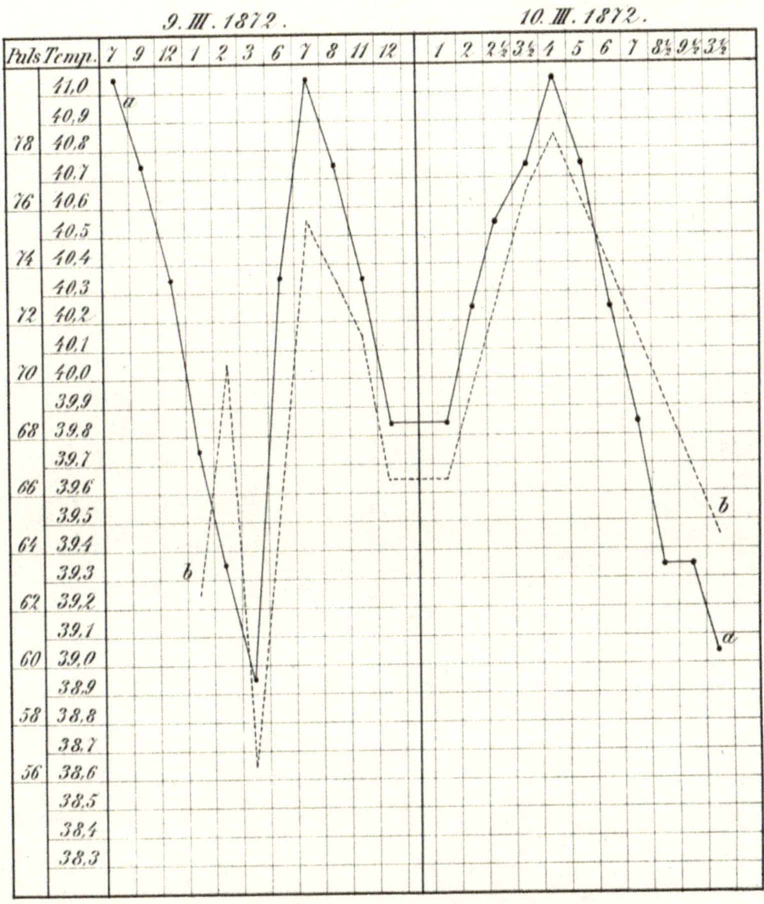

a – Temperatur. b – Puls.

Fig. 3.

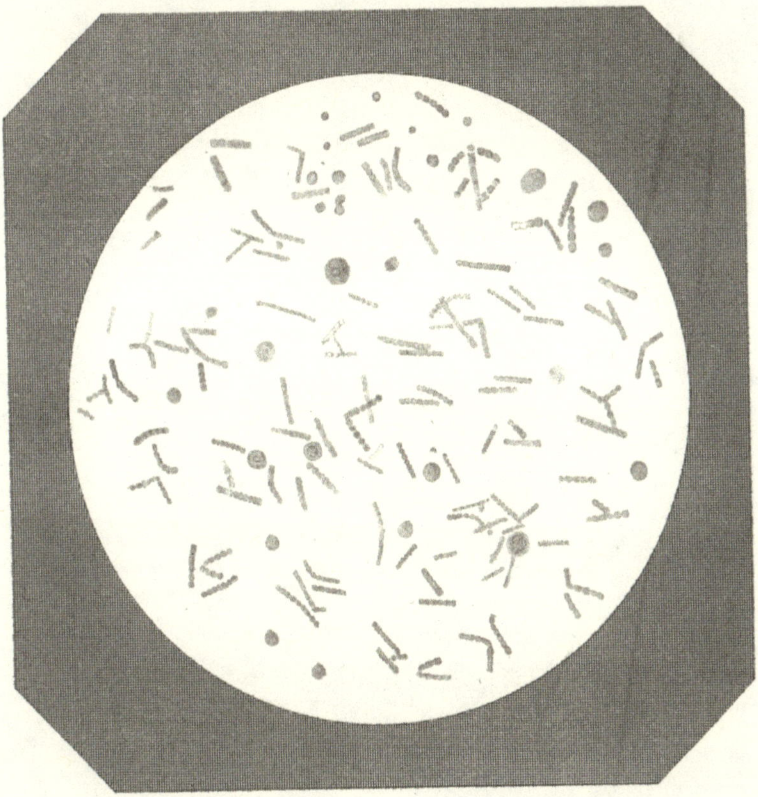

E. Jäger del.

Lith. Anst. v. Joh. Moises in München.

Fig. 4.

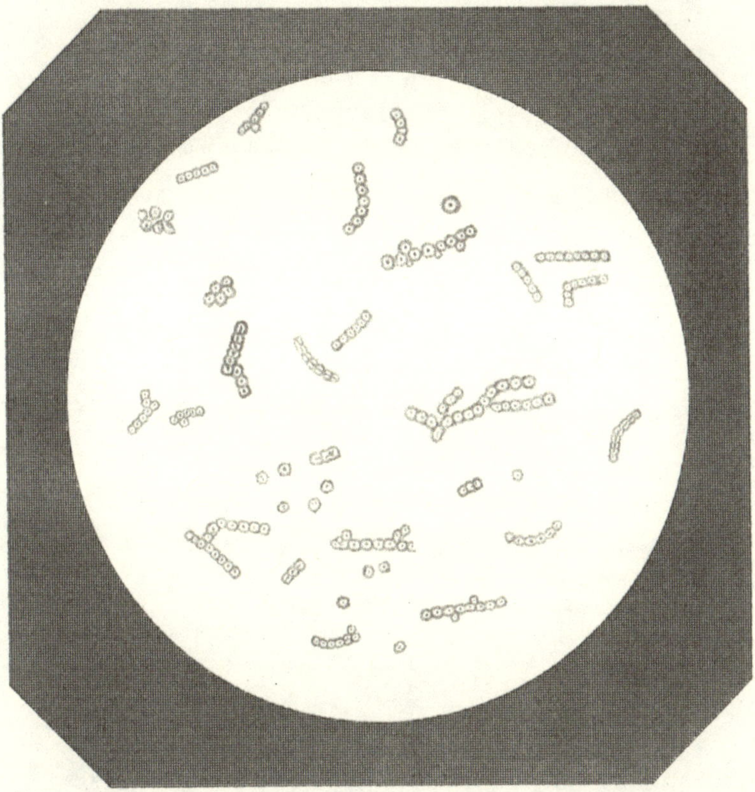

E. Jäger del.

Lith. Anst. v. Joh. Moises in München.

www.ingramcontent.com/pod-product-compliance
Lightning Source LLC
LaVergne TN
LVHW042243300926
849161LV00003B/451